守护秦岭中的精灵

秦岭野生大熊猫
▲ 马亦生 / 摄

秦岭高山地貌
▲ 马青青/摄

秦岭主峰南坡大熊猫栖息地景观，远方灰白色山脊为
太白山四十里跑马梁

▲ 马亦生 / 摄

秦岭野生大熊猫核心分布区景观
▲ 马亦生/摄

陕西
秦岭野生大熊猫

陕西佛坪国家级
自然保护区管理局 编

马亦生 主编

陕西新华出版传媒集团
陕西人民出版社

推荐序 >>>>>

　　大熊猫是我国特有的珍稀野生动物，是世界生物多样性保护的旗舰物种，也是我国对外交流的和平使者。大熊猫是一个古老的物种，有着漫长的演化历史，其直系祖先可追溯至中新世晚期的始熊猫。历史上，大熊猫曾广泛分布于我国南方大部分地区，然而，受人类社会发展的影响，如今大熊猫仅分布在青藏高原东缘由南向北的六大山系。研究表明，大熊猫历史上曾经历两次种群扩张和两个种群瓶颈，并在 30 万年前发生分歧，形成了四川和秦岭两个大的种群。

　　秦岭山地是古老的褶皱断层山地，经过数亿年的演变，直到后期在喜马拉雅运动的强烈改造下，最终形成了现今秦岭的格局。受地壳作用、冰期和全球气候变化的影响，造就了秦岭独特的地貌特征。秦岭是中国南北气候的分界线，也是植物区系的南北交汇地、动物地理上东洋界和古北界的过渡带，区内生物多样性极为丰富，是全球生物多样性热点区域之一，也是大熊猫、金丝猴、羚牛、朱鹮等诸多珍稀濒危物种的天然庇护所。秦岭山系是我国现生大熊猫分布的最北端，种群密度居全国之首，因与其他种群的长期隔离，逐渐造就了秦岭大熊猫的独特性。秦岭大熊猫具有独特的遗传结构，形态特征上也与其他种群存在些许差异，最为重要的是该区域还生活着罕见的棕色大熊猫，这种罕见的毛色变异迄今为止只在秦岭地区被发现。

《秦岭野生大熊猫·陕西》一书收录了作者历时近 4 年的野外工作所拍摄记录到的大熊猫及其同域分布物种。作为长期从事野生动物保护管理工作的一线工作者，马亦生同志满怀热情行走于秦岭大熊猫生活的自然生态圈中，追踪、记录、拍摄，一步一步走近野生大熊猫的生活，为我们展现了大熊猫野外生活状态的生动场景，使读者对大熊猫这一独特而神秘的物种有了更为直观的认识。同时，书中大熊猫同域分布物种生动精美的图片，充分说明保护大熊猫这样的旗舰物种对整个生物多样性保护的重要价值和意义。全书语言简明流畅，图文并茂，让我们切实感受到作者对大熊猫与生物多样性保护事业的满腔热爱，祝愿大熊猫有更加美好的明天。

中国科学院院士　魏辅文

2021 年 11 月 28 日

序  >>>>>

　　大熊猫是我国独有的古老、珍稀国宝级野生动物，被称为动物界的"活化石"，是世界生物多样性保护的旗舰物种，也是我国对外交流的和平使者。

　　受全球气候、地质变化和大熊猫自身生物学特性诸多因素影响，大熊猫野生种群目前仅分布在陕西秦岭、四川西部和甘肃南部的高山峡谷中。这些区域是全球地形地貌最为复杂、气候垂直分带最为明显、生物多样性最为丰富的地区之一，也是我国生态安全屏障的关键区域，具有全球意义的保护价值。1964 年，北京师范大学郑光美教授正式报道了大熊猫在秦岭的分布。1978 年，国家在陕西佛坪建立第一个以秦岭大熊猫为主要保护对象的自然保护区——陕西佛坪国家级自然保护区，并正式展开针对大熊猫的一系列保护科研活动。

　　2006 年，浙江大学方盛国研究小组对秦岭、岷山、邛崃、大相岭、小相岭及凉山这 6 座山系分布的大熊猫从基因学、遗传学和形态特征等方面进行了比较研究，结果表明秦岭山系的大熊猫比其他山系大熊猫更为原始，在大约 1 万年至 1.2 万年便与其他山系大熊猫分开，形成一个独立的遗传群体——秦岭大熊猫。它们体型较大，头圆脸胖，容貌可爱，被誉为国宝中的"美人"。通俗来讲，四川亚种的熊猫头长近似熊，秦岭亚种的头圆更像猫。秦岭大熊猫亚种地位的确立，赋予秦岭大熊猫保护全新的内容，对秦岭大熊猫保护工作具有里程碑意义。

　　目前，秦岭大熊猫分布在陕西省的 5 市 8 县，大熊猫主要分布区连成一片，分布区有自然保护区 16 处、国营林场 10 个，栖息地面积 3605.87 平方千米。第四次大熊猫调查结果显示，陕西秦岭大熊猫约 345 只，占全国大熊猫总量的 1/6，与第三次大熊猫调查时相比，野生大熊猫种群数量也在不断增加，超出全国平均增幅 9.8 个百分点，为全国最高，种群密度也位居全国之首。

　　秦岭大熊猫不仅有黑白色，而且有独一无二的棕白色。据相关资料显示，秦岭是目前全国棕色大熊猫的唯一发现地。全世界唯一一只可供人们研究、观赏的棕色大熊猫"七仔"，现今生活在陕西省楼观台的秦岭大熊猫繁育研究中心。

要保护秦岭大熊猫，就要认识秦岭大熊猫，熟悉秦岭大熊猫。我们行走在秦岭大熊猫生活的自然生态圈中，追踪、记录、拍摄，一步一步走近野生大熊猫的生活日常。在野外观测和保护大熊猫，要实现和平相处，对于人和动物双方而言，都是一种磨合。人害怕野生大熊猫的身躯和力道，野生大熊猫也怕人的"侵扰"。有的巡山员干一辈子都碰不到几次大熊猫，但被人救助过的大熊猫，就会变得亲近人类。

　　夏季，秦岭深处异常潮湿，为了研究大熊猫的作息和生活习性，我们经常在野外一住就是十几二十多天。露宿一夜，早上起来衣服就开始滴水，洗好的衣服10天左右才能干，抓起来闻一闻，一股霉味扑鼻而来。冬季，大雪飘落，秦岭深处银装素裹，温度达到零下十几摄氏度，我们经常背着20多千克的行囊从保护站出发，准确判断野生大熊猫的活动范围、饮食习惯、行动轨迹，并及时采集图片和DNA信息用作研究。这份辛苦，就是我们的日常。而这些辛苦，让我们得以揭开野生大熊猫神秘的面纱。

　　在与野生大熊猫的密切接触中，我们不仅掌握了野生大熊猫的生存状态和生活习性，从而推动了对野生大熊猫的保护与研究，还得以一次次近乎零距离地感受人与动植物的和谐共生。常年在野外行走，和大熊猫在一起时间久了，自然就会和它们产生感情。从野外追踪研究到人工圈养繁育，从野化放归到栖息地保护监测、个体精细化管理，野生大熊猫种群在不断壮大。这背后，一代代科研工作者、野外巡护监测专家、人工饲养员等众多幕后工作者，默默无闻，为大熊猫保护事业贡献着智慧和青春。因爱坚守，用爱守护，共同谱写了一曲曲人与自然和谐共生之歌。

　　让我们一起保护秦岭野生大熊猫，保护秦岭生物多样性！

陕西佛坪国家级自然保护区管理局

马亦生

目录

CONTENTS

石洞中的大熊猫母子

▲ 马亦生/摄

秦岭野生大熊猫

WILD GIANT PANDA
IN QINLING MOUNTAINS

海拔 3771 米的秦岭主峰太白山

▲ 马亦生 / 摄

秦岭野生大熊猫的分布

//

大熊猫属食肉目大熊猫科，是我国特有的国家
I 级重点保护野生动物。

秦岭大熊猫是一个独
立的亚种，仅分布于陕
西境内秦岭主峰太白山
（3771 米）南坡及周边
的汉中、宝鸡、西安、
安康等地交界地带的森
林之中。秦岭野生大熊猫与其他山系
野生大熊猫在地理位置上相距甚远，形成自然
地理上的隔离。秦岭野生大熊猫头圆，更像
猫，具有较小的头骨、较大的牙齿，胸部呈深
棕色，腹部为棕色。除了常见的黑白色体色
外，还有一种特有的棕色大熊猫。

秦岭大熊猫栖息地面积 3605.87 平方千米，野
外种群数量约 345 只。

海拔 3590 米的太白山大爷海

▲ 马亦生 / 摄

秦岭野生大熊猫的婚配

///

秦岭野生大熊猫在 4—5 岁时性成熟，每年 3—4 月交配，8—9 月产崽。

秦岭野生大熊猫采用一雌一雄或一雌多雄的婚配制度。野生大熊猫的寿命最高可达 25—26 岁。

一只雌性大熊猫发情场（发情期雌性熊猫所在的场地称为"发情场"），可以吸引 1—6 只雄性大熊猫从四面八方汇聚而来参与繁殖。与安逸的圈养大熊猫相比，野生大熊猫更加凶猛，特别是在争夺交配权时，雄性大熊猫间会通过搏斗的方式获取交配权。

早春，秦岭深处山茱萸花开了，预示着秦岭野生大熊猫一年一度的争偶交配大战将在高山峡谷上演

▲ 马亦生 / 摄

3 月，一只发情期的雄性熊猫小心翼翼地探测雌性熊猫留下的信息素，探寻发情期的雌性熊猫。
竹林中另外一只发情的雄性熊猫探出脑袋，观察着周围的动静，悄悄地进入雌性熊猫的发情场。
早先进入发情场的一只雄性熊猫发现了更为强大的来访者，显得十分烦躁。

▲ 马亦生 / 摄

▲ 马亦生 / 摄

▲ 马亦生 / 摄

▲ 马亦生 / 摄

3 月中旬，大雪不期而至，一只健壮的雄性熊猫
漫山遍野寻觅发情期的雌性熊猫，厚厚的积雪阻
挡不住追求幸福的脚步。

几天后，又一只发情的雄性熊猫沿着雪地上同伴的足迹追寻而来。

马亦生 / 摄

大熊猫雌雄发情期多不同步，雌性熊猫为了摆脱雄性熊猫的纠缠，常常爬上大树躲避，雄性熊猫则在大树下耐心守护，称之为生殖守护。

树上为雌性熊猫，树下为雄性熊猫
▲ 马亦生／摄

馬亦生 / 摄

秦岭的春季，天气还未转暖，风雪依旧会降临熊猫的栖息地。

在一个雪花飞扬的日子，一只雄性熊猫吃着冰冷的竹叶，还不忘紧紧盯着趴在远处大树上的雌性熊猫。一只雌性熊猫观察着守在树下竹林中的雄性熊猫，做好了随时下树逃跑的准备。

有时，被雄性熊猫追逐的雌性熊猫来不及爬上树，就近躲进石洞中，雄性熊猫只好守护在洞外。

一只发情期的雄性熊猫忍耐不了相思之苦，主动出击追上趴在树上的雌性熊猫，被激怒的"新娘"痛击，落荒而逃。

▲　马亦生／摄

▲ 马亦生 / 摄

▲ 马亦生 / 摄

马亦生 / 摄

馬亦生 / 摄

馬亦生 / 摄

雄性熊猫们嗅闻着空气中散发的雌性熊猫发情期特有的气味，从四面八方汇集到一只发情期雌性熊猫发情场周围。

山下，一只雄性熊猫风尘仆仆赶来。同时，从小山沟又上来一只雄性熊猫。野生大熊猫"比武招亲"将在这个小山头上演。

▲ 马亦生/摄

雄性熊猫通过搏斗，胜利者才能获得与雌性熊猫交配的权利。战斗间歇，为了彰显自己更为强大，雄性熊猫还会来一场撕咬树皮的比赛。

战斗不仅会在雄性熊猫间发生，也会发生在雄性熊猫和雌性熊猫之间。在地面战斗中占不到便宜的一只雄性熊猫追到树上，想采取先下手为强的策略，却遭到心中颇为不满的雌性熊猫的奋力攻击、驱赶。

▲ 马亦生 / 摄 ▲ 马亦生 / 摄

▲ 马亦生 / 摄

两只在搏斗中受伤的雄性熊猫都不愿轻易认输离开发情场，成为第一个被淘汰的选手。

▲ 马亦生/摄

马亦生 / 摄

▲ 马亦生/摄

一只落败的雄性熊猫，垂头丧气地趴在竹林中的倒木上喘息，嘴巴上伤痕累累。另一只战败的雄性熊猫，不甘心地靠在山坡上歇息，嘴巴上、脖子上还留着战斗的印迹，可见战斗的惨烈。想俘获"新娘"的芳心，流汗流血是必要的。

▲ 马亦生/摄

▲ 马亦生 / 摄

▲ 马亦生 / 摄

竹林中，一只雄性熊猫悄悄关注着战斗的进程。

这只雄性熊猫还在不断徘徊，考虑何时加入战斗。其他游荡在竹林中的雄性熊猫，也在积蓄力量，为随时参与下一场搏斗做着准备。

发情场下方又来了一只高大威武的雄性熊猫，这只刚进入繁殖期的年轻雄性熊猫，看到雄壮的前辈上来，便快速躲到一棵枯树上。

马亦生/摄

马亦生/摄

新来的雄性熊猫用肛周腺快速标记，以覆盖先前雄性熊猫标记的气味，宣示领地主权。

同时，雄性熊猫还会通过占领有利地形、大声吼叫的方式，警告、威慑外来者。

▲ 马亦生 / 摄

▲ 马亦生 / 摄

▲ 马亦生 / 摄

这时，山坡上冲下来一只雄性熊猫，又一场搏斗即将开始。后来，这场搏斗的战场转移到了竹林之中。

另一场搏斗在河谷展开。在大熊猫繁殖期，这样的搏斗在秦岭山区往往会持续数天，甚至可长达20余天，直至雌性熊猫达到发情高潮，完成交配，雄性熊猫才纷纷离去。自此，大熊猫们又开始过独居隐士般的生活。

▲　马亦生 / 摄

粗重的嘶吼声渐渐远去，战场变成了爱的伊甸园。

搏斗获胜的雄性熊猫与雌性熊猫温情脉脉，成双成对在密林中、小溪旁"约会"，"洞房"就在飘满雪花的森林中。

▲ 马亦生 / 摄

秋季的秦岭
▲ 马亦生 / 摄

秦岭大熊猫产崽育幼期的森林景观
▲ 马青青 / 摄

秦岭野生大熊猫的产崽育幼

秦岭野生大熊猫孕期 4—5 个月，8—9 月开始产崽育幼。秦岭野生大熊猫的"产房"全部是天然的石洞，产崽育幼洞穴多选择在落叶阔叶林和针阔叶混交林内，那里地势陡峭，安静偏僻，向阳温暖，竹林生长良好，距离水源近。秦岭野生大熊猫仅在产崽育幼期利用石洞栖息，幼仔在最初的 3—4 个月内，主要营洞穴生活。

幼仔出生的最初几天，雌性熊猫十分辛苦，不吃不喝，守护在幼仔身边，或将幼仔抱在怀中，或者放在脚掌上呵护。

雌性熊猫若需要排便、取食，就在洞口附近解决。秦岭野生大熊猫一胎一仔，偶有两仔。在野外，受坏境的影响，能够成功哺育一仔已实属罕见。

9 月，秦岭山区一个石洞中的大熊猫母子

▲ 马亦生 / 摄

为了让产崽育幼的洞穴更加温暖，雌性熊猫会叼来树叶、树枝等做铺垫物，布置它的"产床"。

石岩下 3 月龄的大熊猫幼仔

▲　王小林 / 摄

11月，秦岭大熊猫栖息地降下初雪，熊猫妈妈将幼仔留在一个能够遮风挡雨的洞穴中，自己则在洞穴下方数十米处的竹林中取食，时刻关注着幼仔的情况，唯恐发生意外。

洞穴中 3 月龄的大熊猫幼仔盼望母亲归来
▲ 马亦生 / 摄

雍严格 / 摄

▲ 佛坪自然保护区提供

3—4 月龄以内的大熊猫幼仔一旦受到外界干扰，或者受到洞穴积水潮湿等影响，熊猫妈妈便会叼着幼仔快速转移，寻找新的合适的洞穴。

熊猫妈妈叼着幼仔翻过小山梁迁入新家

▲ 马亦生 / 摄

▲ 佛坪自然保护区提供

5—6 月龄后，大熊猫幼仔离开洞穴，开始跟随母亲进行野外生存训练。

大熊猫幼仔跟随母亲在不同的竹林中熟悉环境，它也会跟随母亲穿过草地，熟悉自己的家园。在野外时，它会跟母亲形影不离，因为这是最好的自我保护。

秦岭野生大熊猫·陕西

左图　大熊猫幼仔在野外紧跟母亲

▲　马亦生 / 摄

右图　大熊猫幼仔跟随母亲学习标记和辨识气味

▲　马亦生 / 摄

熊柏泉／摄

趴在栎树上睡觉、晒太阳的 1.6 岁龄大熊猫幼仔

▲ 马亦生 / 摄

1 月是秦岭最寒冷的季节，熊猫妈妈背着 1.6 岁龄
调皮的孩子在铺满积雪的山林中穿行。很快，熊
猫幼仔会爬树了，它会在树上睡觉，以躲避天敌
或晒太阳。

▲ 马亦生 / 摄

左图　3 月，趴在山杨树上沐浴阳光的大熊猫幼仔

右图　3—4 月是秦岭野生大熊猫交配的季节。附近雄性熊猫们打斗的声音
　　　吸引了铁杉树上一只 1.8 岁龄大熊猫幼仔好奇地观望，它的母亲就
　　　在树下不远处采食休息

▲ 马亦生 / 摄

哺育期的雌性熊猫不参与繁殖，一门心思扑在幼仔身上，待幼仔离开母体独立生活后，才开始发情繁殖。

一只蹲靠在山坡上竹林中休息的熊猫妈妈，它 1.8 岁龄的孩子就在 50 米外的铁杉树上，为了自己的孩子不受发情期雄性熊猫的伤害，它牢牢守护在孩子附近。

▲ 马亦生／摄

除了学习爬树，大熊猫幼仔还要学会搏击，学会识别天敌，学会辨别竹子优劣，学会取食竹子，学会游泳……熊猫宝宝要像妈妈一样，学会在丛林中生存竞争，独立应对各种复杂环境。

秦岭野生大熊猫幼仔跟随母亲生活到 1.5—2.5 岁后会离开母亲，寻找并建立自己的巢域，其中雄性后代的巢域多在母亲的巢域附近，雌性后代的巢域则远离母亲的巢域。

熊猫母子在玩耍，享受着天伦之乐

▲ 马亦生 / 摄

大熊猫栖息地桦木—秦岭箭竹林，分布在海拔 2000—2500 米处

▲ 马亦生 / 摄

秦岭箭竹纯林，分布在海拔 2500 米以上的山脊及垭口地带

▲　马亦生 / 摄

巴山冷杉林

▲ 马亦生 / 摄

秦岭野生大熊猫的食物

//

大熊猫的食性特化而专一，只吃竹子。

秦岭野生大熊猫栖息地主要有巴山木竹、秦岭箭竹、拐棍竹、华西箭竹和阔叶箬竹五种竹子。

秦岭地区的竹林一般分布在高大的落叶阔叶林、针阔叶混交林和针叶林下。巴山木竹林和秦岭箭竹林分布区域最广，面积最大。巴山木竹林分布在秦岭山区海拔 1000—2000 米处，秦岭箭竹林分布在海拔 2000—3200 米处。

巴山木竹是大熊猫冬春季节的主要食物，秦岭箭竹是大熊猫夏季的主要食物。

大熊猫日取食时间 8—10 小时，日取食量 18—25 千克。4—6 月，巴山木竹和秦岭箭竹相继发笋，大熊猫更喜欢采食营养丰富的新鲜竹笋。

▲ 马亦生 / 摄

▲ 雍立军 / 摄

竹叶是秦岭大熊猫一年之中最主要的食物，约占食物总量的 80%。冬春季节，秦岭大熊猫也采食竹子的茎作为补充。

竹子营养成分少，能量很低，大熊猫采取多吃多拉的策略，维持能量代谢。

大熊猫的粪便呈纺锤形，墨绿色，弥漫着竹子特有的清香，没有其他异味。

▲ 马亦生 / 摄

夏季，高山杜鹃花开了，大熊猫纷纷迁移到高海拔的秦岭箭竹林中生活

▲ 马亦生 / 摄

夏季，秦岭大熊猫核心分布区森林植被景观
▲ 马亦生/摄

秦岭野生大熊猫的季节迁移

秦岭野生大熊猫分布在海拔 1100—3200 米处。

每年 9 月到翌年 5 月长达 9 个月时间内，秦岭野生大熊猫主要活动在海拔 2200 米以下的竹林中。12 月到翌年 2 月，是秦岭地区最为寒冷的季节，大熊猫多活动在更低海拔的巴山木竹林中。4 月初到 6 月底，随着巴山木竹和秦岭箭竹竹笋的萌发，大熊猫逐笋而食，慢慢向高海拔地区迁移，直到夏季的 7 月全部迁移到海拔 2400 米以上的秦岭箭竹林中栖息。8 月下旬开始，处于繁殖期的雌性大熊猫率先向下迁移到海拔 2200 米以下的地方，寻找合适的洞穴产崽，直到 10 月底，大部分秦岭野生大熊猫都下移到中低海拔地区栖息。秦岭野生大熊猫每天移动的距离有 500—1500 米。

在巴山冷杉—秦岭箭竹林中空地裸岩上休息的野生大熊猫

▲ 马亦生 / 摄

太白红杉是秦岭特有植物。太白红杉林是秦岭山地分布海拔最高（海拔 2850—3350 米）的森林植被，本林带下部与巴山冷杉林交汇过渡区域是秦岭箭竹林分布的海拔上限，也是秦岭野生大熊猫活动的海拔上限。

▲ 马亦生 / 摄

冬季，秦岭高山区白雪皑皑，天寒地冻，大熊猫会迁移到中低海拔地区生活栖息

▲ 马亦生 / 摄

秋冬季大熊猫栖息地景观

▲ 马亦生 / 摄

▲ 马亦生 / 摄

秦岭野生大熊猫终生不冬眠，可以在冰天雪地中自由活动，风雪无阻。

▲ 马亦生 / 摄

春末夏初，栖息在杜鹃树上的大熊猫幼仔

▲　何义文 / 摄

▲ 马亦生 / 摄

爬树不是雌性熊猫和熊猫幼仔的专利，雄性熊猫也常常爬上大树休息

趴在竹林中小憩的大熊猫

▲ 马亦生/摄

秦岭野生大熊猫的其他行为

秦岭野生大熊猫除了交配、产崽育幼、季节迁移、取食外，还有睡觉、搔痒、标记、饮水、渡河等习性。

大熊猫本身是食肉动物，野生大熊猫几乎完全以竹子为食，其食性发生了巨大改变。由于竹子营养成分少、能量低且难以消化，因此野生大熊猫每天不得不用约一半的时间进食，约一半的时间用于睡觉休息，以节省大量的能量，满足其生命活动需要。

席地而卧的野生大熊猫

▲ 马亦生 / 摄

野生大熊猫身上常常有大量的蜱螨等寄生虫，所以不得不在地面打滚，在粗糙的树干蹭痒，或用抱握枯木摔打的方式驱除寄生虫。

▲ 马亦生 / 摄

▲ 马亦生 / 摄

▲ 马亦生 / 摄

▲ 何义文 / 摄

大熊猫有自己的领地，称为"巢域"。

巢域面积 4—7 平方千米，雌性熊猫巢域面积比雄性熊猫巢域面积要小，巢域间多有重叠。大熊猫通常用尿液、肛周腺在粗糙的树干上反复进行标记，宣示巢域。大熊猫标记过的树，称为"标记树"。

不论春夏秋冬，大熊猫都会用肛周腺标记巢域，除夏季以外，秋季、冬季和春季标记更为频繁。

▲ 马亦生 / 摄

▲ 马亦生 / 摄

大熊猫通过嗅闻标记树上的气味，判断有无入侵者。

渴了，池塘内的泥水照样香甜。热了，在池塘的泥水里泡个澡降降温。

▲ 马亦生 / 摄

大熊猫挺会"过日子"，居住的地方峰峦环绕，幽深避风，林竹丰茂。野生大熊猫居住地少不了溪流清泉，这是因为大熊猫的主食竹子粗糙，润滑消化道使之保持畅通还得靠水；浸泡肠胃中的竹纤维素直到营养物溶出，同样离不了水；而饱餐之后的大熊猫，常常面对清泉狂饮一通，喝个痛快。

秦岭野生大熊猫分布区河流众多，湍急的水流阻挡不住它们前进的脚步，它们通常采用泅渡的方式过河。

▲ 李杰 / 摄

在激流中奋勇向前的野生大熊猫

▲ 李杰 / 摄

清泉飞瀑

▲ 马亦生 摄

秦岭野生棕色大熊猫

在秦岭地区，还有一种毛色奇特的大熊猫，就是人们通常说的棕色大熊猫。

相对于黑白色大熊猫而言，棕色大熊猫的四肢、眼圈、耳朵是棕色的。1985年，在陕西佛坪国家级自然保护区发现了一只病危的雌性棕色大熊猫"丹丹"。"丹丹"被送到西安动物园进行救护。康复后的"丹丹"在那里生活了15年，其间还顺利育有一黑白体色的后代。"丹丹"后来患病死亡，其标本现保存于陕西佛坪国家级自然保护区博物馆内。

截至2021年5月底，在秦岭共发现有影像记录的棕色大熊猫6只。

棕色大熊猫的形成原因众说纷纭，至今还是个谜，等待科学家们探寻解答。

棕色大熊猫

 马亦生 / 摄

Dandan

左上左图 棕色大熊猫"丹丹"的标本

▲ 马亦生 / 摄

左上右图 2013年1月，红外相机在陕西黄柏塬国家级自然保护区拍摄到的棕色大熊猫

▲ 黄柏塬自然保护区提供

左下图及右图 2019年11月，在陕西佛坪国家级自然保护区发现的棕色大熊猫"七仔"

▲ 马亦生 / 摄

棕色大熊猫"七仔"

▲ 马亦生 / 摄

羚牛

▲ 马亦生 / 摄

大熊猫的同域动物·兽类

PANDA AND ITS SYMPATRIC ANIMAL
MAMMALS

本书记录的秦岭地区与野生大熊猫同域的主要兽类共 29 种，其中灵长目
动物有金丝猴 1 种；大中型偶蹄类野生动物有秦岭羚牛、林麝、中华斑
羚、中华鬣羚、毛冠鹿、小麂、狍和野猪 8 种；食肉目动物有金钱豹、金
猫、豹猫、黑熊、黄喉貂、黄鼬、猪獾、狗獾、鼬獾、花面狸 10 种；啮
齿目动物有红白鼯鼠、复齿鼯鼠、灰头小鼯鼠、小飞鼠、岩松鼠、花鼠、
隐纹花松鼠、珀氏长吻松鼠、中华竹鼠和豪猪 10 种。

川金丝猴

川金丝猴鼻孔向上仰，面部蓝色，颊部及颈侧棕红色，肩背具长毛，色泽金黄，尾与体等长或更长，是国家 I 级重点保护野生动物。

在陕西，川金丝猴主要分布于秦岭中段部分林区，恰好与秦岭大熊猫分布区重合，为典型的森林树栖动物，常年栖息于海拔 1300—3300 米的森林中。川金丝猴随季节变化做垂直移动，群栖生活，以植物为主食，食物种类多达上百种。

川金丝猴性成熟期为雌性 4—5 岁，雄性 7 岁左右，全年都有交配，但 8—10 月三个月为交配盛期，孕期 6 个月，翌年 3—4 月产崽。

▲ 马亦生 / 摄

梳理毛发是川金丝猴日常重要的行为之一，
借此增进彼此之间的感情交流

▲ 马亦生／摄

▲ 马亦生 / 摄

▲ 马亦生 / 摄

▲ 马亦生 / 摄

▲ 马亦生 / 摄

▲ 马亦生 / 摄

川金丝猴的幼猴在玩耍、打闹间慢慢长大。

寒冷的冬季，川金丝猴常常会抱团取暖
▲ 马亦生／摄

哺乳

马亦生 / 摄

秦岭羚牛

秦岭羚牛为秦岭大熊猫分布区最常见、体型最大的野生食草动物，角长超过头长，双角向后弯曲扭转，又称"金毛扭角羚"，是国家 I 级重点保护野生动物。

夏季，秦岭羚牛喜欢在悬崖峭壁和陡峭的山坡活动。6—8 月，秦岭羚牛迁移到海拔 2400 米以上中高山地区，度过炎热的夏季。这时，通常 20—50 头，多则可达 80—100 余头集群活动。2—4 月是秦岭羚牛的产崽期，秦岭羚牛每胎 1 仔，偶有 2 仔。冬春季节，秦岭羚牛一般在海拔 1000—2200 米范围内活动。

▲ 马亦生 / 摄

马亦生／摄

马亦生 / 摄

马亦生 / 摄

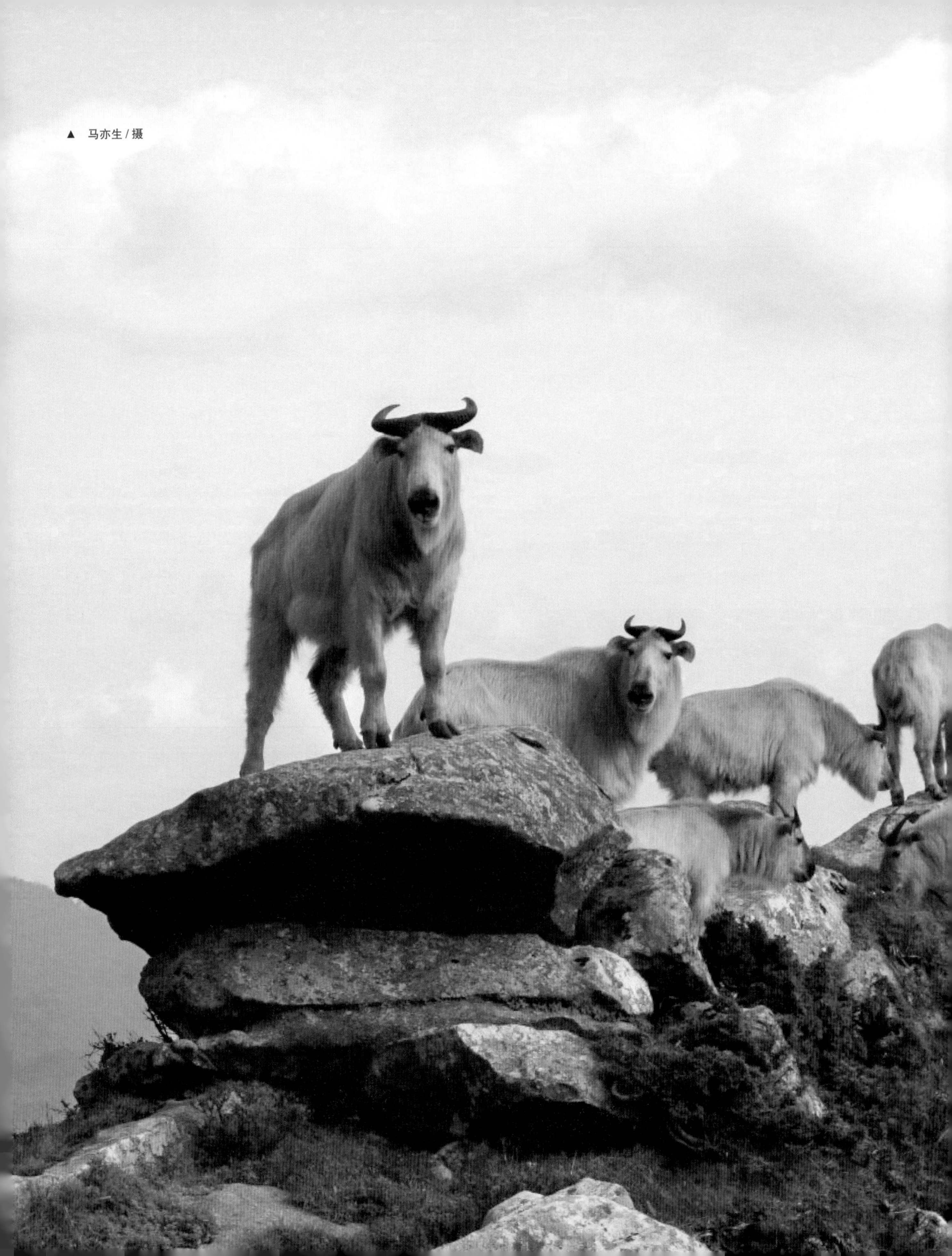

▲ 马亦生 / 摄

林麝

林麝是国家Ⅰ级重点保护野生动物，通体呈深棕色，雌雄均无角，耳长而大，内白色，后肢长于前肢，尾短隐于臀毛内，颈部两侧各有一道白色纵纹延伸到腋下。雄性具有一对长而弯曲的獠牙，腹部有麝香囊，产麝香。雌性上犬齿小而不外露，无麝香囊。11—12月发情交配，翌年6月产崽，每胎1—3仔。分布于秦岭海拔800—3500米的针阔叶混交林和针叶林中，主要取食青草、树叶、嫩芽和果实。

▲ 马亦生／摄

金猫

金猫是国家 I 级重点保护野生动物，毛色红棕到灰棕色，体背无斑纹，两眼内侧各有一条白色纵纹延伸到头顶。全年均可繁殖，每胎 1—2 仔。分布于秦岭阔叶林、针阔叶混交林中。金猫主要在夜间外出寻找猎物，食物以鸟类、啮齿类和食草类动物为主。

▲ 马亦生 / 摄

金钱豹

金钱豹是国家Ⅰ级重点保护野生动物，全身呈棕黄色，布满大小不同的黑斑和环纹，腹部白色。常常用尿液、粪便标记其领地。性情孤僻，晨昏活动频繁。12月至翌年4月交配，孕期3个月，每胎2—3仔。分布于秦岭高山区针阔叶混交林、针叶林和高山灌丛和草甸带，主要捕食大型食草类动物。

▲ 佛坪自然保护区提供

▲ 佛坪自然保护区提供

中华斑羚

中华斑羚是国家 II 级重点保护野生动物，形似山羊，但颌下无须，通体青灰色，喉具白斑，背部鬃毛短，尾毛蓬松呈黑棕色。雌雄均有角，角短小。冬季交配，翌年夏季产崽，每胎 1 仔。分布于秦岭阔叶林、针阔叶混交林和针叶林中，主要取食青草、树叶和果实。

▲　马亦生 / 摄

中华鬣羚

中华鬣羚是国家Ⅱ级重点保护野生动物，外形似羊，腿高体长，全身被毛以黑褐色为主，稀疏而粗硬，颈背部有长而蓬松的白色或黑色鬣毛，四肢从上向下由赤褐色转为黄褐色，雌雄皆有角。秋季交配，翌年春末夏初产崽，每胎1仔。分布于秦岭针阔叶混交林和针叶林中，主要取食青草、树叶和果实。

▲ 马亦生／摄

小麂

小麂体毛棕褐色或黄褐色，雄性具角，两角尖相对，角基部内侧有一小角叉，尾下和臀部白色；幼兽体毛上具有白色斑点。全年繁殖，孕期约 6 个月，每胎 1—2 仔。分布于秦岭中低海拔的阔叶林、针阔叶混交林中，主要取食青草、树叶和果实。

▲　马亦生 / 摄

▲ 马亦生 / 摄

毛冠鹿

//

毛冠鹿是国家 II 级重点保护野生动物，毛呈黑褐色，额部有一簇马蹄形黑色长毛，眶下腺显著；耳尖、腹部和尾下纯白色。雄性犬齿长而大，呈獠牙状，露出唇外。秋末冬初发情交配，翌年春末夏初产崽，每胎 1—2 仔。分布于秦岭海拔 1000—2800 米的阔叶林、针阔叶混交林、高山灌丛和草甸带，主要取食青草、树叶和果实。

狍

狍夏季毛短，呈黄红色；冬季毛厚，呈致密灰棕色。雄性具角，分三叉，四肢细长，尾很短，隐于体毛内。8—9 月交配，翌年 3—6 月产崽，每胎 1—2 仔。分布于秦岭中低海拔的阔叶林和针阔叶混交林中，主要取食青草、树叶和果实。

▲ 周至老县城保护区提供

野猪

野猪酷似家猪，但头部比较狭长，吻部细而突出，毛色变异较大，一般通体为棕黑色或灰白色，背脊鬃毛特别发达，几乎垂直向上。11—12 月交配，翌年 2—3 月产崽，每胎 5—8 仔。分布于秦岭海拔 800—2800 米的针叶林、针阔叶混交林、阔叶林及农林交错地带，常常 3—5 只，多则 20—50 只集群活动。食性广泛，可取食植物性食物、昆虫、小型兽类、鸟蛋和腐肉等。

豹猫

//

豹猫是国家 II 级重点保护野生动物，为小型猫科动物，形似家猫但较大，灰白色或浅黄色，全身遍布深色斑点，尾具深色环状纹至黑色尾尖。春季发情交配，怀孕期 60—70 天，每胎 2—4 仔，以 2 仔居多。分布于秦岭海拔 800—3500 米的阔叶林、针阔叶混交林、针叶林、高山灌丛和草甸带，以啮齿类、昆虫及鸟类为食。

▲ 马亦生 / 摄

黑熊

黑熊是国家 II 级重点保护野生动物，为秦岭体型最大的食肉动物，体毛漆黑色，胸部有极明显的"V"形白斑。8—9 月交配，翌年 2—3 月产崽，每胎 1—3 仔。分布于秦岭阔叶林、针阔叶混交林中，在秦岭有短暂的冬眠。食性杂，以植物性食物为主，也取食小型兽类、腐肉和蜂蜜。

▲　熊柏泉 / 摄

黄喉貂

黄喉貂是国家Ⅱ级重点保护野生动物，身体细长，身体前半部分为浅褐色至淡黄褐色，头黑色，喉部黄色；四肢粗短，同尾均黑色。6—7月发情交配，翌年5月产崽，每胎2—4仔。分布于秦岭阔叶林、针阔叶混交林、针叶林、高山灌丛和草甸带，主要以啮齿动物、鸟类、昆虫和野果为食，常单独或数只集群捕食较大的食草动物。

▲ 马亦生 / 摄

黄鼬

黄鼬为小型食肉动物，体细长，四肢短，体毛黄褐色至暗褐色。3—4月交配，孕期33—37天，通常5月产崽，每胎2—8仔。分布于秦岭海拔800—3700米的阔叶林、针阔叶混交林、针叶林、高山灌丛和草甸带。食性杂，几乎捕食遇到的所有小型动物。

▲ 蔡琼 / 摄

猪獾

//

猪獾具有猪一样的嘴，整个体色呈现黑白两色
混杂，头部正中从吻鼻部裸露区至颈后部有一
白色条纹，眼下方有一明显的白色斑块，耳小
白色，尾毛长，白色。4—5月交配，翌年2—
3月产崽，每胎2—6仔。分布于秦岭阔叶林、
针阔叶混交林和针叶林中。食性杂，主要捕食
小型动物，还取食植物的根、茎、叶、种子和
果实。

何义文/摄

亚洲狗獾

//

亚洲狗獾体背褐色与白色或乳黄色混杂，头顶有三条白色纵纹被两条黑褐色纵纹隔开。每年繁殖
一次，每胎2—5仔。分布于森林、灌丛、田野、河流、小溪等环境中，食性杂，以小型兽类、昆虫、
植物的果实和根茎为食。

▲ 马亦生 / 摄

鼬獾

鼬獾体毛灰褐色，头顶后、前额、眼后、颊和颈下侧有不规则的白色斑纹。3 月发情交配，5—6
月产崽，每胎 2—4 仔。秦岭为其分布的最北界，栖息于秦岭中低海拔的阔叶林、针阔叶混交林中。
食性杂，以小型动物、植物的果实和根茎为食。

▲ 呼噜平 / 摄

花面狸

///

花面狸体毛短而粗，体色灰白，从鼻后缘经颜面中央至额顶有一条宽阔的白色面纹，眼下及耳下有白斑。3—4 月交配，5—6 月产崽，每胎 2—4 仔。分布于秦岭中低海拔的阔叶林、针阔叶混交林中。主要取食植物的果实。

▲ 裴竟德 / 摄

马亦生／摄

▲ 马亦生 / 摄

红白鼯鼠

红白鼯鼠体背被毛栗红色，后背部有大型白斑区，头部、颈侧、肩胛部均为纯白色。尾毛长而蓬松，尾基背面有一白色半环。2—4月发情交配，孕期75天，每胎1—3仔。分布于秦岭南坡海拔1000—2500米的阔叶林和针阔叶混交林中，营巢在高大的树洞中，昼伏夜出。红白鼯鼠滑翔飞行能力强，常常利用体躯两侧具皮质飞膜从一棵树顶滑翔到另一棵树上，然后爬到树梢继续滑行，俗称"飞狐"。取食植物的果实、种子、嫩枝、幼芽、树皮。

复齿鼯鼠

复齿鼯鼠体毛灰褐色，耳基部前后有黑色细长簇毛。12月下旬至翌年1月发情交配，孕期三个半月，每胎1—2仔。分布于秦岭中低海拔地区的阔叶林和针阔叶混交林中，取食植物的果实、种子、嫩枝、幼芽、树皮。

灰头小鼯鼠

灰头小鼯鼠体型较小，背部棕黄色，头部灰色，尾较长。耳后基部具明显的棕黄色斑，腹部浅橙色。分布于秦岭阔叶林和针阔叶混交林中，营树栖生活，取食植物的果实、种子、嫩枝、幼芽和树皮。

▲ 马亦生／摄

小飞鼠

小飞鼠为小型鼯鼠，体长小于 200 毫米，冬、夏体毛异色，夏毛褐灰色，冬毛淡黄色或黄灰色，眼睛大而圆，呈黑色，四肢粗短。4—6 月繁殖，每胎 2—4 仔。分布于秦岭针阔叶混交林和针叶林中，营树栖生活，取食植物的果实、种子、嫩枝、幼芽和树皮。

▲ 马亦生 / 摄

▲ 熊柏泉 / 摄

岩松鼠

岩松鼠体毛黄褐色，耳后有一灰白色斑，尾巴两侧及末端毛有黑白色形成的两色环。每年繁殖1次，每胎可产2—5崽。分布于秦岭阔叶林、针阔叶混交林和针叶林中，主要以种子为食。

▲ 马亦生 / 摄

花鼠

//

花鼠体型较小，体背具有五道明显的深棕褐色或黑色纵纹，耳壳无簇毛，尾几乎与体等长。每年繁殖 1—2 次，每胎 4—5 仔。分布于秦岭针阔叶混交林和针叶林中，取食植物的种子、果实、嫩芽和嫩叶。

隐纹花松鼠

//

隐纹花松鼠体背具有三道深色纵纹，耳背具有白色簇毛，一年繁殖 2 次，春季和秋季各一次，每胎 2—4 只。分布于秦岭阔叶林、针阔叶混交林中，善于爬树，主要取食果实和种子。

珀氏长吻松鼠（左上）

珀氏长吻松鼠背部毛色自头至尾、体侧、四肢外侧均为橄榄黄灰色，腹毛白色，具有黄眼圈，尾不及体长；后肢内侧、尾基腹面及肛周锈黄色；鼻骨长大于眶间宽。分布于秦岭中低海拔的阔叶林、针阔叶混交林中，主要营树栖生活，采食各种果实。

中华竹鼠（右上）

中华竹鼠身体粗壮，背毛棕灰色，腹部灰白色；耳、眼退化，眼小，隐于毛内，耳扁平；尾短小；四肢粗短，爪强健；前肢较后肢细小。2—3 月交配，4—5 月产崽，每胎 2—6 仔。分布于秦岭海拔 1000 米以上有竹林分布的阔叶林、针阔叶混交林下，营穴居生活，主要以竹子的根茎为食。

豪猪（右下）

豪猪全身棕褐色，体型粗短，身披由毛发演变而成的黑白色相间的荆刺，臀部荆刺粗而长，四肢和腹部荆刺短而软，当尾部摇摆的时候，能发出咔嗒咔嗒的响声，以警告那些骚扰它的动物；遇到危险时，可将荆刺刺入敌人身体。秋冬季节交配，孕期约 4 个月，每胎 1—2 仔。分布于秦岭阔叶林、针阔叶混交林和针叶林中，夜行性动物，有一定的行走路线。主要取食植物的根、茎、皮、种子和果实。

▲ 马亦生 / 摄

馬亦生 / 攝

▲ 韓立軍 / 攝

朱鹮
huán

▲ 侯新天/摄

大熊猫的同域动物·鸟类

PANDA AND ITS SYMPATRIC ANIMAL
BIRDS

本书收录了秦岭野生大熊猫主要同域鸟类共 12 目 42 科 125 种，其中鸡形目 1 科 7 种，鸽形目 1 科 2 种，夜鹰目 1 科 1 种，雁形目 1 科 2 种，鹳形目 1 科 1 种，鹈形目 2 科 4 种，鹰形目 1 科 3 种，鸮形目 1 科 4 种，犀鸟目 2 科 4 种，啄木鸟目 1 科 4 种，隼形目 1 科 1 种，雀形目 29 科 92 种。

朱鹮
▲ 张耀明/摄

huán
朱鹮

朱鹮是国家 I 级重点保护野生动物，中等体型，全身体羽白色，脸裸出部分为朱红色，嘴筒状长而弯曲呈黑色，尖端部为红色；头枕部有长的矛状羽形羽冠；脚绯红色；夏羽头、颈、背铅灰色，冬羽头、颈、背白色沾粉红色；幼鸟体羽乌灰色，脸部橙黄色。3—6月筑巢产卵，每窝产卵 1—4 枚。分布于秦岭南坡中低海拔地区的河流、小溪、水库、池塘、稻田周围，主要取食鱼类、蛙类等水生动物。

▲ 张耀明／摄

▲ 赵纳勋 / 摄

◀ 赵纳勋 / 摄

黑鹳
guàn

黑鹳是国家Ⅰ级重点保护野生动物，体大型，通体黑色，具有绿色金属光泽，胸腹部白色；嘴长而直圆锥状，呈朱红色，尖端色淡；脚长，朱红色。4—7月筑巢产卵，每窝产卵 4—5 枚。冬季分布于秦岭中低海拔地区的河流、水库、池塘、溪流等水域，主要取食鱼类等水生动物。

白冠长尾雉（左）

白冠长尾雉是国家Ⅰ级重点保护野生动物，体大而华美，雄鸟周身羽毛黄色，边缘黑色，呈鱼鳞状的黑色斑纹；头顶、颏、颈部白色；脸颊部有一黑色环带，眼周裸露部分鲜红色，眼下有一白色斑块；尾羽极长，具黑色和栗色横斑纹。雌鸟上体黄褐色，背部具黑色和白色斑纹，下体棕黄色；头顶及后颈部栗褐色，各羽中央黑色；额、眉、头侧、颏、喉均为棕黄色。3 月筑巢产卵，每窝产卵 8 枚左右。分布于秦岭南坡海拔 600—2000 米的阔叶林、针阔叶混交林和林缘地带，主要取食植物的叶、果实、种子和昆虫。

中华秋沙鸭（右）

中华秋沙鸭是国家Ⅰ级重点保护野生动物，雄鸟头和上颈黑色，具绿色金属光泽，冠羽明显，呈双冠状，后颈、背墨绿色，两侧白色；翅黑灰色，具有一大型白斑；胸以下白色，两胁具灰色鳞状纹。雌鸟头至颈部栗褐色，具羽冠；背部灰色，腹部白色，胸和两胁具黑色鳞状纹；嘴、脚橘红色；尾上覆羽白色，具有黑灰色鳞状斑。4—5 月筑巢产卵，每窝产卵 8—14 枚。冬季分布于秦岭南坡中低海拔地区的河流、池塘、溪流和水库等水域，主要取食鱼、虾等水生动物。

▲ 赵纳勋/摄

金雕 （左上）
//

金雕是国家Ⅰ级重点保护野生动物，通体栗褐色，头顶黑褐色，枕和后颈羽毛呈披针形，金黄色；嘴大灰色，尖端部黑色；尾羽灰褐色，具不规则灰褐色横斑，端部黑褐色，脚黄色，爪黑色。3—5月筑巢产卵，每窝产卵1—2枚。分布于秦岭低山平原到高海拔的山巅，主要捕食鸟类、齿类等小型兽类和大型兽类的幼仔。

秃鹫 （左下左）
//

秃鹫是国家Ⅰ级重点保护野生动物，通体黑褐色，成鸟头部、后颈裸露无羽毛，呈铅蓝色；喉及眼下部分黑褐色，颈基部羽毛蓬松，嘴强大呈黑褐色，爪黑色，常缩脖子站立于岩石、山巅。3—5月筑巢产卵，每窝产卵1—2枚。分布于秦岭海拔1500—3600米的针阔叶混交林、针叶林、高山灌丛和草甸带，主要取食大型动物的尸体。

赤腹鹰 （左下右）
//

赤腹鹰是国家Ⅱ级重点保护野生动物，上体浅灰色，下体白色，胸及两胁赤褐色，两胁具浅灰色横纹；嘴灰而尖端黑，蜡膜和脚橘黄色。5—6月筑巢产卵，每窝产卵2—5枚。分布于秦岭中低山区、丘陵和农耕区，常见在电杆、电线等处休息，主要取食鸟类、鼠类和蛙类等小型动物。

红腹角雉

红腹角雉是国家 II 级重点保护野生动物，雌雄异色。雄鸟通体栗红色，满布具黑缘的灰色眼状斑，下体灰斑大而浅；头及羽冠黑色，羽冠两侧具一对蓝色肉质角；脸颊裸出，皮肤天蓝色；喉部下方有一片海蓝色肉裙，周缘羽毛黑色。雌鸟上体灰褐色，满布黑色及棕色杂斑，下体淡黄色，满布大小不同的黑色和白色斑纹。4—5 月筑巢产卵，每窝产卵 3—5 枚。栖息于秦岭海拔 1000—3500 米的阔叶林、针阔叶混交林和针叶林中，主要取食植物的叶、花、果实和种子。

▲ 马亦生 / 摄

红腹锦鸡

红腹锦鸡是国家 II 级重点保护野生动物，雌雄异色。雄鸟体型修长，上体除上背为浓绿色外其余为金黄色，下体自喉以下均为纯红色；头顶有金色丝状羽冠，后颈有橙色而缀有黑边的扇状羽，形成披肩状；翼为深蓝色，尾长而弯曲呈黄褐色并具黑色斑点。雌鸟较小，周身黄褐色而具有深色带状斑。嘴和脚黄色。4—6 月筑巢产卵，每窝产卵 5—6 枚。分布于秦岭海拔 500—2500 米的阔叶林、针阔叶混交林和农林交错地带，主要取食植物的叶、花、果实和种子。

▲ 马亦生 / 摄

血雉

血雉是国家 II 级重点保护野生动物，雌雄异色，头顶具明显的羽冠。雄鸟上体灰色，具蓬松的矛状长羽，各羽均有细窄的白色羽干纹，下体沾有绿色；脸与腿猩红色，尾具红色羽缘。雌鸟上体灰褐色，具有黑色虫蠹状细斑；下体浅棕色，腹部具褐色波状斑；脚红色。4—7 月筑巢产卵，每窝产卵 4—8 枚。分布于秦岭海拔 1900—3500 米的针阔叶混交林和针叶林中，主要取食植物的叶、花、种子、果实和昆虫。

▲ 马亦生 / 摄

勺鸡

勺鸡是国家 II 级重点保护野生动物，为体大而尾相对短的雉类。雄鸟体羽白色披针形，具有黑色矛状纹，胸、腹部栗色；头顶及冠羽棕黑色，头呈金属绿色，颈侧具一白斑。雌鸟体型较小，体羽黄褐色，羽冠较短，颏、喉白色，下腹中央沾白色，具黑褐色细斑。3—6 月筑巢产卵，每窝产卵 5—7 枚。分布于秦岭海拔 1000—3500 米的阔叶林、针阔叶混交林和针叶林下，主要取食植物的叶、花、种子、果实和昆虫等。

▲ 马亦生 / 摄

白眶鸦雀（左上）

白眶鸦雀是国家Ⅱ级重点保护野生动物，体型略小，上体橄榄褐色，下体粉褐色，顶冠及颈背栗褐色，白色眼眶明显。分布于秦岭海拔 1300—2900 米的阔叶林、针阔叶混交林和针叶林中，主要取食昆虫、种子和果实。

画眉（中上）

画眉是国家Ⅱ级重点保护野生动物，通体棕褐色而具细黑色纵纹，白色眼圈在眼后形成眼纹，延长至耳后。4—7 月筑巢产卵，每窝产卵 3—5 枚。分布于秦岭海拔 1800 米以下的针阔叶混交林、阔叶林、灌木林和林缘地带，主要取食昆虫、种子和果实。

斑背噪鹛 méi（右上）

斑背噪鹛是国家Ⅱ级重点保护野生动物，体羽黄褐色，背部、颈部和胸腹部具有黑色和棕白色构成的鳞状斑；头土褐色而具浅白色眼罩。4—7 月筑巢产卵，每窝产卵 2—4 枚。分布于秦岭海拔 1000—3600 米的阔叶林、针阔叶混交林、针叶林和高山灌丛中，主要取食种子、果实和昆虫。

橙翅噪鹛 méi（右中）

橙翅噪鹛是国家Ⅱ级重点保护野生动物，通体褐色，两翅暗褐色具橙黄色翅斑；上背、胸具有深色和偏白色鳞状斑纹；臀部、尾下覆羽栗红色；尾羽灰而尖端白，尾羽外侧偏黄色。4—7 月筑巢产卵，每窝产卵 2—3 枚。分布于秦岭 1000—3500 米阔叶林、针阔叶混交林和针叶林下，主要取食昆虫、种子和果实。

红嘴相思鸟（右下）

红嘴相思鸟是国家Ⅱ级重点保护野生动物，上体橄榄绿色，下体橙黄色，两翅黑色，具有红色和黄色翅斑；嘴红色，脚粉红色。5—7 月筑巢产卵，每窝产卵 3—4 枚。分布于秦岭海拔 800—3500 米的阔叶林、针阔叶混交林和针叶林中，主要取食昆虫、果实和种子。

马亦生/摄

▲ 马亦生/摄

▲ 马亦生/摄

斑头鸺鹠
xiū liú

斑头鸺鹠是国家Ⅱ级重点保护野生动物，体型较小，头、上体、下体及翅的表面暗褐色，密布狭窄的棕白色横斑；胸部白色，具有褐色横斑，下腹白色，具有稀疏而宽阔的褐色纵纹。6—7月筑巢产卵，每窝产卵3—5枚。分布于秦岭中低山区的阔叶林、针阔叶混交林和林农交错地带，主要取食昆虫、鸟类和鼠类等小型动物。

黄腿渔鸮
xiāo

黄腿渔鸮是国家Ⅱ级重点保护野生动物，体大型，上体橙棕色，具深褐色纵纹；翅黑褐色，具有呈棕色横斑和淡褐色虫蠹状纹，下体乳白色，具有稀疏的黑褐色纵纹；具有发达的耳羽簇，喉具有白斑，眼黄色。11月至翌年2月产卵，每窝产卵2枚。分布于秦岭阔叶林和针阔叶混交林中的河流、溪流、池塘周边，主要取食鱼类、啮齿类和两栖类动物。

雕鸮
xiāo

//

雕鸮是国家Ⅱ级重点保护野生动物，为大型夜行性猛禽。耳羽簇长，突出于头顶两侧；体羽褐色斑驳，胸部黄色，多具深色纵纹且每片羽毛均具褐色横斑。4—6月筑巢产卵，每窝产卵3—6枚。分布于秦岭阔叶林和针阔叶混交林中，主要取食啮齿类和鸟类。

纵纹腹小鸮
xiāo

//

纵纹腹小鸮是国家Ⅱ级重点保护野生动物，上体褐色，具白色纵纹及斑点，下体白色，具褐色杂斑及纵纹。5—7月筑巢产卵，每窝产卵2—8枚。分布于秦岭阔叶林、针阔叶混交林和林缘灌丛，主要取食啮齿类和鸟类。

▲ 马亦生 / 摄

▲ 马亦生 / 摄

红隼 ^{sǔn}（左上左）

红隼是国家Ⅱ级重点保护野生动物，通体赤褐色。雄鸟上体赤褐色，具有黑色斑点，下体黄色，具有黑色纵纹；头顶及颈背灰色，尾蓝灰色无横斑。雌鸟上体棕红色，具有黑褐色横斑；下体黄色沾棕色，具有黑褐色纵纹。5—7月筑巢产卵，每窝产卵4—5枚。分布于秦岭中低海拔的阔叶林、针阔叶混交林、农田和村庄附近，主要取食昆虫、啮齿类和鸟类等小型动物。

金胸雀鹛 ^{méi}（左上右）

金胸雀鹛是国家Ⅱ级重点保护野生动物，上体橄榄灰色，胸及下体金黄色；头及颈部黑色，耳羽灰白色，白色的头顶纹延伸至上背，两翼及尾黑色，具橙色翼斑。分布于秦岭海拔1000—2500米阔叶林和针阔叶混交林中，主要取食昆虫。

鸳鸯（下）

鸳鸯是国家Ⅱ级重点保护野生动物，雌雄异色。雄鸟羽色艳丽，额和头顶中央翠绿色，枕部赤铜色，与后颈部的紫绿色长羽组成枕冠；头顶两侧有纯白色眉纹，翅上有一对栗黄色帆状饰羽。雌鸟体羽灰褐色，无枕冠，眼后一条白色细纹与白色眼圈相连。4—7月筑巢产卵，每窝产卵7—12枚。冬季分布于秦岭中低海拔地区的河流、小溪、池塘、水库等水域，主要取食鱼类等水生动物、昆虫、种子和果实。

▲　赵纳勋／摄

灰胸竹鸡

灰胸竹鸡上体棕褐色，下体前部栗棕色，后部棕黄色，背部、胸侧和两胁具有月牙形褐色块斑；头顶、后颈部、胸蓝灰色，头、颈两侧、颏和喉栗红色；嘴黑色，脚灰绿色。3—5月筑巢产卵，每窝产卵7—12枚。分布于秦岭海拔2000米以下的针阔叶混交林、阔叶林和农林交错地带，主要取食植物的叶、种子、果实和昆虫。

山斑鸠

山斑鸠体羽粉褐色，头部蓝灰色，颈部棕色，颈侧具有黑白色斑块；体羽羽缘棕色，腹部淡灰色，下体偏粉色；腰灰色，尾羽黑色，尾端浅灰色。4—7月筑巢产卵，每窝产卵2枚。分布于秦岭低山区的阔叶林和针阔叶混交林中，主要取食种子、果实和昆虫。

▲ 马亦生 / 摄

▲ 马亦生/摄

马亦生 / 摄

马亦生 / 摄

马亦生 / 摄

珠颈斑鸠（左上左）

珠颈斑鸠体羽粉褐色，头顶淡灰色，颈侧的黑色斑块满布白点状如珍珠，上体深褐色缀红色羽缘，下体纯褐色。3—7月筑巢产卵，每窝产卵2枚。分布于秦岭阔叶林、针阔叶混交林和林缘地带，主要取食种子、果实和昆虫。

普通夜鹰（左上右）

普通夜鹰通体暗褐色，满布黑褐色和灰白色虫蠹斑；额、头顶、枕部有宽阔的黑色中央纹，背、肩羽端具有黑色斑块和棕色斑点，胸灰白色。5—8月筑巢产卵，每窝产卵2枚。分布于秦岭海拔3000米以下的阔叶林、针阔叶混交林和针叶林中，夜行性，主要取食昆虫。

苍鹭（左下）

苍鹭为全身青灰色的大型水鸟，上体淡灰色，下体白色。雄鸟头顶中央和颈白色，头顶两侧和枕部黑色，羽冠由四根细长的黑色羽毛形成，前胸两侧各有一条紫黑色斑带，嘴黄绿色。雌鸟体型稍小，黑色冠羽较短，胸两侧紫黑色斑块较淡。3—6月筑巢产卵，每窝产卵3—6枚。分布于秦岭中低海拔的河流、沼泽、水田等水域，以鱼类等水生动物为食。

环颈雉（右下）

环颈雉雌雄异色。雄鸟羽色华丽，呈现红、黄、栗、绿、灰等多种色彩，头羽青铜色，具浅绿色光泽，眼周裸皮宽大，鲜红色；颈部多有白环，尾羽长，灰黄色，具有黑色横斑。雌鸟较小，通体土褐色，密布有深色斑纹。4—7月筑巢产卵，每窝产卵6—15枚。分布于秦岭海拔2000米以下的针阔叶混交林、阔叶林以及疏林地、灌木林地、草地和农耕地，主要取食植物的叶、芽、果实、种子和昆虫。

▲ 马亦生/摄

▲ 马亦生 / 摄

白鹭

白鹭全身体羽白色，嘴、脚黑色，脸部裸皮、脚趾黄绿色。繁殖期头部长出两枚细长的冠羽，胸部坠有细长的蓑羽，脸部裸皮变为粉红色。3—9 月筑巢产卵，每窝产卵 4—5 枚。分布于秦岭低海拔地区的河流、池塘、水田、沼泽等水域，主要取食鱼类等水生动物。

大白鹭

大白鹭全身体羽白色，颈部长而具有特别的扭结，嘴、脚黑色，脸部裸皮、脚趾黄绿色。繁殖期背部蓑羽长而发达，嘴墨绿色；非繁殖期背部蓑羽褪去，嘴变为黄色。4—7 月筑巢产卵，每窝产卵 3—6 枚。分布于秦岭中低海拔的河流、沼泽、水田等水域，主要取食鱼类等水生动物。

▲ 马亦生 / 摄

戴胜

戴胜中等体型，头、肩部、上背及下体棕红色，翅及尾具黑白色相间的条纹；嘴细长而下弯，羽冠棕红色而末端黑色；嘴、脚黑色。4—6月筑巢产卵，每窝产卵6—8枚。分布于秦岭海拔2000米以下的低山、丘陵和平原地带，主要取食昆虫。

▲ 马亦生 / 摄

▲ 马亦生/摄

普通翠鸟（左上）

//

普通翠鸟头及上体蓝绿色具有金属光泽，下体橙棕色；颈两侧各有一白色斑块，颏、喉白色；雄鸟嘴黑色，雌鸟下嘴橘黄色，脚红色。5—8月筑巢产卵，每窝产卵 5—7 枚。分布于秦岭中低海拔的河流、小溪、池塘等水域，主要取食鱼类等水生动物。

冠鱼狗（右左上）

//

冠鱼狗上体黑色杂以白色斑点，下体白色；胸、腹两侧具黑斑，羽冠蓬起黑色，具白色斑点；嘴、脚黑色。3—9 月筑巢产卵，每窝产卵 3—7 枚。分布于秦岭中低海拔的河流、池塘和水库等水域，主要取食鱼类等水生动物。

棕头鸦雀（右左下）

//

棕头鸦雀头顶至上背棕红色，上体余部橄榄色；翅红棕色，尾暗褐色；喉、胸粉红色；下体余部黄褐色。4—8 月筑巢产卵，每窝产卵 4—5 枚。分布于秦岭低山、丘陵和山脚平原的灌木林中，主要取食昆虫、果实和种子。

蓝翡翠（右下）

//

蓝翡翠上体铅蓝色，下体橙棕色；头黑色，胸、颈部有一较宽的白色领环，翅上覆羽黑色；嘴、脚红色。5—7 月筑巢产卵，每窝产卵 4—5 枚。分布于秦岭中低海拔的河流、小溪池塘等水域，主要取食鱼、虾等水生动物。

▲ 马亦生 / 摄

▲ 马亦生 / 摄

寿带

寿带为中等体型，头黑色，具蓝色光泽，冠羽显著，雄鸟易辨，一对中央尾羽特长。雄鸟有两种色型，棕色型和白色型。棕色型上体及尾羽赤褐色，下体近灰色；白色型整个体羽呈白色。雌鸟棕褐色，但尾不延长。5—7月筑巢产卵，每窝产卵2—4枚。分布于秦岭海拔1200米以下的针阔叶混交林、阔叶林中，主要取食昆虫、种子和果实。

马亦生 / 摄

马亦生 / 摄

马亦生 / 摄

马亦生 / 摄

白背啄木鸟（左上左）

///

白背啄木鸟上体黑色，下背白色，下体黄白色而具黑色纵纹，翅及尾羽外侧有白色横斑，臀部红色；雄鸟顶冠红色，雌鸟顶冠黑色，额白色。4—6 月筑巢产卵，每窝产卵 3—6 枚。分布于秦岭海拔 1200—2000 米的阔叶林和针阔叶混交林中，主要取食昆虫、种子和果实。

大斑啄木鸟（左上右）

///

大斑啄木鸟上体黑色，下体灰白色；脸白色，脸和颈部有一黑色"人"字纹；头顶黑色，具有蓝色光泽，肩部、两翼各有一大块白斑；雄鸟枕部红色而雌鸟仍为黑色，枕与颈连接处有一黑色横斑；两性臀部均为红色。4—5 月筑巢产卵，每窝产卵 3—8 枚。分布于秦岭海拔 2500 米以下的阔叶林、针阔叶混交林中，主要取食昆虫。

灰头绿啄木鸟（左下左）

///

灰头绿啄木鸟上体和尾橄榄绿色，下体浅灰色，头、嘴、脚灰色，雄鸟前顶冠红色，雌鸟顶冠灰色而具有黑色条纹。4—6 月筑巢产卵，每窝产卵 5—8 枚。分布于秦岭针阔叶混交林、阔叶林和果园中，主要取食昆虫。

星头啄木鸟（左下右）

///

星头啄木鸟上体黑色，下体淡黄褐色；背、腰和两翅呈黑白色杂斑状，腹部棕黄色，具有黑色条纹；额至头顶灰褐色，眉纹白色延伸至颈侧；雄鸟枕部两侧具有红色块斑。4—6 月筑巢产卵，每窝产卵 4—5 枚。分布于秦岭海拔 2000 米以下的针阔叶混交林和阔叶林中，主要取食昆虫。

红嘴蓝鹊

红嘴蓝鹊上体蓝灰色，下体白色；头、颈、胸黑色，顶冠白色；尾羽长，呈蓝灰色，中央尾羽尖端白色；嘴、脚红色。5—7月筑巢产卵，每窝产卵3—6枚。分布于秦岭阔叶林、针阔叶混交林和果园，主要取食昆虫、蛙类、爬行类和幼鸟。

马亦生 / 摄

红嘴蓝鹊幼鸟

▲ 马亦生 / 摄

长尾山椒鸟 _{（左）}

长尾山椒鸟雌雄异色。雄鸟头顶、上背黑色，具有金属光泽，头侧、颏和喉黑色，胸腹部和尾下覆羽红色，两翅黑色，具有红色翅斑，尾黑色，外侧尾羽红色；雌鸟额、眼先黄色，背黄绿色，腰和尾上覆羽橄榄黄色，翅黑色，具有黄色翅斑，尾黑色，外侧尾羽黄色。嘴、脚黑色。5—7 月筑巢产卵，每窝产卵 2—4 枚。分布于秦岭海拔 1000—3300 米阔叶林、针阔叶混交林和针叶林中，主要取食昆虫、种子和果实。

小灰山椒鸟 _{（右上）}

小灰山椒鸟体小，整体灰色。雄鸟深灰色，头顶、前额、下颊、喉至胸腹部白色，两翼黑色，中央尾羽黑色，其余白色。5—7 月筑巢产卵，每窝产卵 4—5 枚。分布于秦岭海拔 1500 米以下的阔叶林和针阔叶混交林中，主要取食昆虫。

灰卷尾 _{（右下）}

灰卷尾通体灰色，脸偏白，尾长而开叉，嘴、脚黑色。4—7 月筑巢产卵，每窝产卵 3—4 枚。分布于秦岭海拔 600—2500 米的阔叶林、针阔叶混交林、疏林地和林缘地带，主要取食昆虫。

红尾伯劳（左上）

红尾伯劳上体棕褐色，下体皮黄色，两翅黑褐色，头顶灰色，具白色眉纹和显著的黑色贯眼纹，尾羽棕褐色，颏、喉白色。5—7月筑巢产卵，每窝产卵5—7枚。分布于海拔1500米以下的阔叶林、针阔叶混交林、疏林地和林缘地带，主要取食昆虫。

▲ 马亦生/摄

楔尾伯劳（左下）

楔尾伯劳上体灰色，下体白色，嘴强健有钩，黑色贯眼纹明显，翅黑色，具大型白色翼斑，尾特长，中央尾羽黑色。5—7月筑巢产卵，每窝产卵5—6枚。分布于海拔1500米以下的阔叶林、针阔叶混交林、疏林地和林缘地带，主要取食昆虫、蛙类、鸟类和鼠类。

棕背伯劳（右）

棕背伯劳头顶和上背灰色，下背及腰棕红色；下体淡棕色，颏、喉、胸和腹部中央近白色，两胁和尾下覆羽棕红色；额、眼纹、翅、尾黑色，翅上有一白色块斑，外侧尾羽淡棕色。4—7月筑巢产卵，每窝产卵3—6枚。分布于秦岭海拔1500米以下的阔叶林、针阔叶混交林、疏林地和果园中，主要取食昆虫、鱼类、蛙类、鸟类。

▲ 马亦生/摄

▲ 马亦生 / 摄

▲ 马亦生 / 摄

星鸦

星鸦雌雄同色，通体黑褐色，头侧至后枕、颈侧和上腹密布白色斑点，臀及外侧尾羽白色，眼、嘴、脚黑色。4—6 月筑巢产卵，每窝产卵 3—4 枚。分布于秦岭海拔 1300—3500 米的阔叶林、针阔叶混交林和针叶林，主要取食种子和果实。

▲ 马亦生 / 摄

大嘴乌鸦

大嘴乌鸦全身漆黑色，具有蓝色光泽，嘴大而厚，前额拱起，尾呈圆凸形，嘴、脚黑色。3—6 月筑巢产卵，每窝产卵 3—5 枚。分布于秦岭海拔 500—3500 米的阔叶林、针阔叶混交林和针叶林中，主要取食昆虫、种子、果实、鼠类等小型动物和动物尸体。

松鸦

松鸦通体粉褐色至灰褐色，下颊纹黑色，两翼黑色，具有蓝色横斑和白色斑块，腰及尾下覆羽白色，尾羽黑色。4—7 月筑巢产卵，每窝产卵 5—8 枚。分布于秦岭海拔 500—3500 米的阔叶林、针阔叶混交林和针叶林中，主要取食昆虫、种子和果实。

▲ 马亦生 / 摄

喜鹊

喜鹊头、颈、背黑色，带金属光泽；肩和腰白色，前胸黑色，腹及两肋纯白色；翅、尾黑色，具有蓝色光泽；嘴、脚黑色。3—5 月筑巢产卵，每窝产卵 3—6 枚。分布于秦岭中低海拔的山地、丘陵、平原地带，主要取食昆虫、蛙类、鸟卵、幼鸟、种子和果实。

火冠雀

火冠雀雄鸟上体橄榄色，下体除喉侧及胸部黄色外，余部烟灰色沾绿色，前额及喉部中央火红色，翅斑黄色；雌鸟暗黄橄榄色，下体浅黄色。4—6月筑巢产卵，每窝产卵 4 枚。分布于秦岭阔叶林和针阔叶混交林中，主要取食昆虫、植物的叶和花。

▲ 马亦生 / 摄

▲ 马亦生 / 摄

大山雀（左左上）

大山雀上背和两肩黄绿色，下体白色至黄色，一道黑色带状纹自前胸延伸至腹下；头、喉黑色，脸颊、颈部白色。4—8月筑巢产卵，每窝产卵6—9枚。分布于秦岭海拔1700米以下的阔叶林、针叶林和针阔叶混交林中，主要取食昆虫、果实和种子。

沼泽山雀（左右上）

沼泽山雀上体灰褐色或橄榄色，下体灰白色，头顶、喉部黑色，眼以下至颈部白色，两胁沾黄。3—5月筑巢产卵，每窝产卵4—6枚。分布于秦岭阔叶林、针叶林和针阔叶混交林中，主要取食昆虫、果实和种子。

黄腹山雀（左右中）

黄腹山雀雄鸟头、喉、上胸黑色，上背蓝灰色，具有白色斑点；腹部黄色，两胁黄绿色；脸颊和后颈白色；翅上有两排白色斑点。雌鸟头、上体灰绿色，胸腹部黑色；颏、喉、脸颊灰白色。4—6月筑巢产卵，每窝产卵5—7枚。分布于秦岭海拔500—2200米的阔叶林、针叶林和针阔叶混交林中，主要取食昆虫、果实和种子。

绿背山雀（左左下）

绿背山雀头黑色，脸颊具有大型白色；背部绿色，腹部黄色，一道黑色纵纹贯穿下体中央；腰、翅、尾蓝色，翅具两道白色斑纹。4—6月筑巢产卵，每窝产卵4—6枚。分布于秦岭海拔1000—3500米的阔叶林、针阔叶混交林和针叶林中，主要以昆虫为食。

黑冠山雀（左右下）

黑冠山雀上体灰色，腹部橄榄灰色至臀部为棕色；头、颈、冠羽、喉及上胸黑色，两颊和颈侧白色；翅、尾黑褐色，具有蓝灰色羽缘。10月至翌年6月筑巢产卵，每年2窝，每窝产卵4—7枚。分布于秦岭海拔2000米以上的针阔叶混交林和针叶林中，主要取食昆虫，植物的叶、芽、种子和果实。

家燕

家燕雌雄羽色相似，头及上体蓝黑色，具有金属光泽；额及喉部红色，下体白色；翅狭长而尖，尾分叉形成"燕尾"。4—7 月筑巢产卵，每窝产卵 3—5 枚。夏候鸟，分布于秦岭低山和丘陵地带人类居住的环境中，主要取食昆虫。

▲ 马亦生 / 摄

▲ 马亦生 / 摄

凤头百灵

///

凤头百灵上体及翅沙褐色，具近黑色纵纹，下体棕白色；头顶黑褐色纵纹细而密，羽冠黑色长而窄；眉纹、脸颊淡白色；嘴深色，较长且弯曲，脚肉色或黄褐色。5—7月筑巢产卵，每窝产卵4—5枚。分布于秦岭低山和丘陵的开阔地带，主要取食昆虫、种子和果实。

领雀嘴鹎 bēi

领雀嘴鹎通体绿黄色，头、喉黑色，颈背灰色；脸颊具白色细纹，颈前有一白色颈环；嘴粗，短黄色；尾绿色，尖端黑色。5—7月筑巢产卵，每窝产卵 3—4 枚。分布于秦岭海拔 2000 米以下的低地、丘陵和山脚平原地带的森林之中，主要取食植物的果实、种子、嫩叶和昆虫。

黄臀鹎（左上）
bēi

黄臀鹎上体褐色，下体灰白色；头黑色，喉白色；胸带灰色，臀部、尾下覆羽深黄色。4—7月筑巢产卵，每窝产卵 2—5 枚。分布于秦岭海拔 500—3500 米的阔叶林、针叶林和针阔叶混交林中，主要取食种子、果实和昆虫。

绿翅短脚鹎（右上）
bēi

绿翅短脚鹎上体灰褐色沾橄榄绿色，下体棕白色；头顶栗褐色，冠羽短而尖，耳和颈侧红棕色；咳、喉灰色，胸灰棕色，具白色纵纹，两翅和尾亮橄榄绿色。分布于秦岭海拔 1000—3000 米的阔叶林、针叶林和针阔叶混交林中，主要取食果实、种子和昆虫。

白头鹎（左下）
bēi

白头鹎上体灰色或橄榄灰色，下体白色，具有黄色纵纹；额部黑色，头顶白色，眼后白色宽纹延伸至颈背。4—8 月筑巢产卵，每窝产卵 3—5 枚。分布于秦岭海拔 2000 米以下阔叶林、针叶林、针阔叶混交林和果园中，主要以昆虫、种子和果实为食。

▲ 马亦生/摄

黑短脚鹎
bēi

黑短脚鹎嘴鲜红色，脚橙红色，尾叉状。羽色两种，一种通体黑色，另一种头颈白色。4—7 月筑巢产卵，每窝产卵 3—4 枚。分布于秦岭海拔 500—3000 米的阔叶林、针叶林和针阔叶混交林中，主要取食果实、种子和昆虫。

▲ 马亦生 / 摄

金翅雀

///

金翅雀雄鸟顶冠及后颈灰色，背部栗褐色，下体黄色；眼先和眼周黑色；腰、尾下腹羽和尾基部金黄色，翅黑色，具有黄色斑块。雌鸟体色较淡。3—8 月筑巢产卵，每窝产卵 4—5 枚。分布于秦岭低山及丘陵地带的阔叶林、针阔叶混交林中，主要取食种子和果实。

暗绿柳莺

暗绿柳莺上体橄榄绿色，下体灰白色，胸和两胁沾黄色；有两道白色翅斑，前端的翅斑不明显；眉纹长，黄白色，贯眼纹褐色；上嘴黑褐色，下嘴淡黄色。分布于秦岭海拔 500—3600 米的阔叶林、针叶林、针阔混交林和高山灌丛中，主要取食昆虫。

▲ 马亦生 / 摄

褐头雀鹛
méi

▲ 马亦生 / 摄

褐头雀鹛通体棕褐色，两翼棕色，羽缘灰白色。分布于秦岭海拔 1500—3500 米的阔叶林、针叶林、针阔叶混交林和高山灌丛中，主要取食昆虫、种子和果实。

白颊噪鹛
méi

//

白颊噪鹛雌雄羽色相似，呈棕褐色，前额至枕部栗褐色，眉纹白色细长延伸至颈侧，眼先和脸颊白色，眼后至耳羽深棕色。3—7月筑巢产卵，每窝产卵 3—4 枚。分布于秦岭海拔2600 米以下的阔叶林、针叶林、针阔叶混交林和果园，主要取食昆虫、果实和种子。

黑领噪鹛
méi

//

黑领噪鹛上体棕褐色，下体棕白色；眉纹白色，后颈栗褐色，呈半环形；喉及眼先白色，耳后沿颈侧至前胸具宽阔的黑色领纹。4—7月筑巢产卵，每窝产卵 3—5 枚。分布于秦岭海拔 500—2000 米的阔叶林、针叶林和针阔叶混交林中，主要取食昆虫、果实和种子。

▲ 马亦生 / 摄

▲ 马亦生 / 摄

▲ 马亦生 / 摄

红头长尾山雀（左上）

红头长尾山雀头顶及颈背棕色，过眼纹宽而黑，颏、喉白色且具有黑色圆形熊兜；背及尾蓝灰色，胸腹白色，具有栗色胸带，两胁栗红色。2—6月筑巢产卵，每窝产卵5—8枚。分布于秦岭海拔800—3500米的阔叶林、针叶林、针阔叶混交林和高山灌丛中，主要取食昆虫。

银脸长尾山雀（左下左）

银脸长尾山雀上体褐色，下体白色，脸颊银灰色，具宽阔的褐色胸带。3—5月筑巢产卵，每窝产卵6—8枚。分布于秦岭海拔1100—3500米的阔叶林、针叶林和针阔叶混交林中，主要取食昆虫、种子和果实。

黑眉长尾山雀（左下右）

黑眉长尾山雀额白色，脸颊黑色，中央冠纹棕白色；上体橄榄灰色，下体白色，胸具有棕褐色横带，两胁棕褐色。4—6月筑巢产卵，每窝产卵4—5枚。分布于秦岭海拔900—3500米的阔叶林、针叶林、针阔叶混交林和高山灌丛中，主要取食昆虫和种子。

红嘴鸦雀

红嘴鸦雀通体棕褐色，嘴圆锥形，橙红色，额灰白色，眼先深褐色，下体浅灰褐色。4—7月筑巢产卵，每窝产卵3枚。分布于秦岭海拔1200—3500米的阔叶林、针阔叶混交林、针叶林和高山灌丛中，主要取食果实、种子和昆虫。

黄额鸦雀

黄额鸦雀全身浅橙色，额黄，头侧具宽阔的灰蓝色侧冠纹，两翼具橙红色翼斑，尾长，呈黄褐色。5—7月筑巢产卵，每窝产卵2—4枚。分布于秦岭海拔1700—3500米的阔叶林、针叶林、针阔叶混交林和高山灌丛中，主要取食昆虫和种子。

▲ 马亦生／摄

▲ 马亦生／摄

鹪鹩

jiāo liáo

//

鹪鹩通体栗褐色，密布黑色细横纹，尾羽短，略向上翘。7—8月筑巢产卵，每窝产卵4—6枚。分布于秦岭海拔700—3700米的阔叶林、针叶林、针阔叶混交林、高山灌丛和草甸中，主要取食昆虫和蜘蛛。

▲ 马亦生／摄

▲ 马亦生 / 摄

暗绿绣眼鸟

//

暗绿绣眼鸟头及上体橄榄绿色，具明显的白色眼圈，腹部白色，尾下覆羽鲜黄色。4—7 月筑巢产卵，每窝产卵 3—4 枚。分布于秦岭海拔 900—2000 米的阔叶林、针叶林、针阔叶混交林及农田果园，主要取食植物的嫩叶、嫩芽、果实和种子。

棕颈钩嘴鹛（右左上）

méi

棕颈钩嘴鹛上体橄榄褐色或棕褐色，胸白色，具有栗色纵纹，其余下体橄榄褐色；嘴细长而向下弯曲，上嘴黑色，下嘴淡黄色，喉、眉纹白色，贯眼纹黑色，后颈栗红色。5—7月筑巢产卵，每窝产卵3—4枚。分布于秦岭海拔500—3000米的阔叶林、针叶林、针阔叶混交林，主要取食昆虫、果实和种子。

白领凤鹛（右右上）

méi

白领凤鹛上体土褐色，飞羽黑色，胸灰褐色，腹和尾下覆羽白色；头顶和羽冠土褐色，枕和后颈白色，形似白领。5—9月筑巢产卵，每窝产卵3—4枚。分布于秦岭海拔1100—3500米的阔叶林、针叶林、针阔叶混交林和高山灌丛中，主要取食昆虫、果实和种。

矛纹草鹛（右左中）

méi

矛纹草鹛顶冠栗褐色，具有浅色羽缘，脸颊和耳白色，具有栗褐色纵纹；体羽近棕色，上体和下体具有棕褐色和白色相间的纵纹；两翼和尾棕褐色。5—7月筑巢产卵，每窝产卵3—4枚。分布于秦岭中低山和丘陵地带的阔叶林和针阔叶混交林中，主要取食昆虫、果实和种子。

灰眶雀鹛（右左下）

méi

灰眶雀鹛上体、两翼和尾羽橄榄棕色，下体浅黄色至橄榄黄色，眼眶灰白色。5—7月筑巢产卵，每窝产卵3—4枚。分布于秦岭海拔500—2000米的阔叶林、针叶林和针阔叶混交林中，主要取食昆虫和植物的种子。

红头穗鹛（右右下）

méi

红头穗鹛头顶红棕色，上体橄榄灰色，下体黄橄榄色；喉、胸和头侧沾黄色。4—7月筑巢产卵，每窝产卵4—5枚。分布于秦岭海拔800—2000米的阔叶林、针叶林和针阔叶混交林中，主要取食昆虫、种子和果实。

马亦生 / 摄

马亦生 / 摄

▲ 马亦生 / 摄

▲ 马亦生 / 摄

▲ 马亦生 / 摄

白喉噪鹛

méi

白喉噪鹛通体棕褐色，喉部及上胸白色，下体具有灰褐色
胸带，腹部棕色。5—7 月筑巢产卵，每窝产卵 3—4 枚。
分布于秦岭海拔 1000—3000 米的阔叶林、针叶林、针
阔叶混交林中，主要取食昆虫、种子和果实。

▲　马亦生 / 摄

▲ 马亦生 / 摄

红翅旋壁雀（右上）

///

红翅旋壁雀通体灰色，尾短，嘴长；在悬崖峭壁上攀爬，两翼展开时显露出红色翼斑。分布于秦岭海拔 1000—3500 米的阔叶林、针叶林和针阔叶混交林中，主要取食昆虫。

普通䴓^{shī}（右下）

///

普通䴓上体灰蓝色至石板灰色，过眼纹黑色，从嘴基部延伸至肩部，下体黄棕色，两胁栗色。分布于秦岭海拔 800—2800 米的阔叶林、针叶林和针阔叶混交林中，主要取食种子、果实和昆虫。

褐河乌（左上）

//

褐河乌通体黑褐色，4—7 月筑巢产卵，每窝产卵 3—4 枚。分布于秦岭海拔 500—3500 米的河流、溪流等水域，主要取食鱼、虾等水生动物和植物的叶子、种子。

▲ 马亦生／摄

▲ 马亦生／摄

紫啸鸫

紫啸鸫

^{dōng}

紫啸鸫通体蓝黑色，翅上覆羽点缀浅色斑点，嘴、脚黑色。4—6月筑巢产卵，每窝产卵4枚。分布于秦岭海拔1000—3500米的阔叶林、针叶林和针阔叶混交林中，主要取食昆虫、果实。

紫啸鸫幼鸟

▲ 马亦生 / 摄

▲ 马亦生/摄

八哥

八哥通体黑色，前额具长而蓬松的簇状羽冠，翅有白色翅斑，尾末端有狭窄的白色纹，嘴、脚黄色。3—7月筑巢产卵，每窝产卵4—6枚。分布于秦岭南坡低山和丘陵地带的阔叶林及村落附近，主要取食昆虫、果实和种子。

▲ 马亦生/摄

liáng
灰椋鸟

灰椋鸟通体灰褐色，前额、头顶及脸颊白色；尾羽末端和腰羽白色；嘴黄色，尖端黑色，脚橘黄色。5—7月筑巢产卵，每窝产卵5—7枚。分布于秦岭中低山、丘陵和平原地带的阔叶林、针叶林、针阔叶混交林和果园中，主要取食昆虫。

▲ 马亦生 / 摄

dōng
斑鸫

///

斑鸫上体橄榄褐色，下体白色，密布红褐色鳞状斑，两翼红褐色而飞羽黑色；颏、喉白色，具有白色粗眉纹，颈侧及上胸具有棕色斑点；上嘴黑色，下嘴、脚橙黄色。5—8 月筑巢产卵，每窝产卵 4—7 枚。分布于秦岭低山丘陵地带的阔叶林、针阔叶混交林和农耕区，主要取食昆虫。

红胁蓝尾鸲 ^{qú}

红胁蓝尾鸲雄鸟上体蓝灰色，下体白色，具白色短眉纹，两胁橘红色；雌鸟上体橄榄褐色，下体灰白色，两胁橙黄色，腰部和尾蓝色，嘴、脚灰色。5—7月筑巢产卵，每窝产卵4—6枚。分布于秦岭海拔800—3500米的阔叶林、针叶林和针阔叶混交林下，主要取食昆虫、果实和种子。

虎斑地鸫（左左上）
dōng

虎斑地鸫头顶至上体橄榄褐色，密布粗大的褐色鳞状斑纹；下体白色，满布月牙状黑色斑纹；嘴深褐色，脚粉色。5—8月筑巢产卵，每窝产卵4—5枚。分布于秦岭海拔800—3000米的阔叶林、针叶林和针阔叶混交林中，主要取食昆虫。

乌鸫（左左中）
dōng

乌鸫雄鸟通体黑色，嘴黄色；雌鸟通体黑褐色，嘴黄绿色，眼圈黄色。5—8月筑巢产卵，每窝产卵4—5枚。分布于秦岭低山、丘陵地带的阔叶林、针叶林和针阔叶混交林中，主要取食昆虫。

灰翅鸫（左左下）
dōng

灰翅鸫雌雄羽色相异。雄鸟黑色，两翅银灰色，腹部有灰色鳞状纹；雌鸟棕褐色，两翅浅土褐色，眼圈、脚黄色，嘴橘红色。5—7月筑巢产卵，每窝产卵5—7枚。分布于秦岭海拔500—3000米的阔叶林、针叶林中和针阔叶混交林中，主要取食蚯蚓等无脊椎动物、昆虫、果实和种子。

蓝矶鸫（左右上）
dōng

蓝矶鸫雄鸟通体青蓝色而具鳞状斑，尾下覆羽栗红色；雌鸟通体灰褐色沾蓝，下体棕白色而具褐色鳞状斑。4月筑巢产卵，每窝产卵3—6枚。分布于秦岭南坡低山、丘陵地带的阔叶林、针叶林和针阔叶混交林中，主要取食昆虫。

灰头鸫（左右下）
dōng

灰头鸫头、颈灰色，两翅及尾黑色；上体、下体栗色；眼圈、嘴和脚黄色。5—7月筑巢产卵，每窝产卵6—8枚。分布于秦岭海拔1000—3200米的阔叶林、针叶林和针阔叶混交林中，主要取食昆虫、果实和种子。

赭红尾鸲
qú

赭红尾鸲雌雄羽色相异。雄鸟上体和头部灰色至黑色，前额染白色，腹部橘红色，尾羽栗红色；雌鸟上体和头部黑褐色，下体浅灰褐色染棕色。5—7 月筑巢产卵，每窝产卵 4—6 枚。分布于秦岭海拔 1500—3500 米的阔叶林、针叶林、针阔叶混交林和高山灌丛中，主要取食昆虫、蜘蛛和蜗牛等。

▲ 马亦生／摄

▲ 马亦生 / 摄

北红尾鸲（左）
qú

北红尾鸲雌雄羽色相异。雄鸟顶冠至后枕银灰色，脸部、喉、上胸、上背和两翅黑褐色，翅具有白色三角形翼斑，身体余部橘红色，中央尾羽黑褐色，其余尾羽栗红色。雌鸟头部和上体棕褐色，下体浅褐色，具有白色三角形翅斑。4—7月筑巢产卵，每窝产卵6—8枚。分布于秦岭中低山、丘陵和山脚平原的阔叶林、针叶林、针阔叶混交林中，主要取食昆虫。

蓝额红尾鸲（右）
qú

蓝额红尾鸲雄鸟头、胸和上体深蓝色，两翅暗褐色，具斑纹，下体、腰至尾下覆羽栗红色，中央尾羽黑色，其余尾羽栗棕色；雌鸟头部和上体棕褐色，喉、胸部棕褐色，腹部橙色，腰、尾上覆羽栗红色。5—8月筑巢产卵，每窝产卵3—4枚。分布于秦岭海拔1000—3500米的阔叶林、针叶林、针阔叶混交林、高山灌丛和草甸中，主要取食昆虫、果实和种子。

红尾水鸲
^{qú}

红尾水鸲雌雄羽色相异。雄鸟通体青蓝色，腰和尾羽栗红色；雌鸟头部和上体灰褐色，胸腹白色而具深灰色鳞状斑，腰和尾基部白色。3—7月筑巢产卵，每窝产卵3—6枚。分布于秦岭山地溪流、河谷地带，主要取食昆虫、果实和种子。

▲ 马亦生 / 摄

白顶溪鸲
^{qú}

白顶溪鸲雌雄羽色相似，头、上体、胸及两翼黑色，头顶至后枕白色，腹部、腰及尾红色，尾端
黑色。4—6 月筑巢产卵，每窝产卵 3—5 枚。分布于秦岭海拔 500—3770 米的山间溪流、河谷、
湖泊等近水地带，主要取食鱼、虾等水生动物、果实和种子。

▲ 马亦生 / 摄

金色林鸲[qú]

//

金色林鸲雄鸟上体橄榄绿色，下体金黄色，眼先至耳羽黑色，眉纹、肩、腰和尾上覆羽橙黄色，两翅黑色，羽缘黄色，中央尾羽黑色，外侧尾羽橙黄色，尖端黑色；雌鸟上体及两翅橄榄黄色而羽缘及羽尖端褐色，下体黄色较淡。分布于秦岭海拔2000—3500米的针阔叶混交林、针叶林和高山灌丛中，主要取食昆虫。

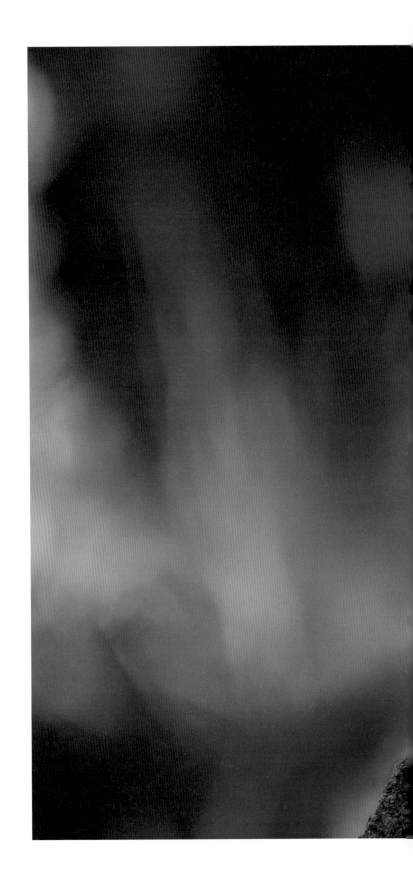

▲　时耀武／摄

▲ 马亦生 / 摄

白喉红尾<ruby>鸲<rt>qú</rt></ruby>

白喉红尾鸲雌雄异色。雄鸟头顶至颈部青蓝色，头侧、颏及上背黑色，翅黑褐色，具粗长条形白斑；喉部和胸之间具三角形白斑，胸腹部、下背、尾基部橙红色。雌鸟头和上体黑褐色，胸部灰色，下腹部白色，喉白色，两翅和尾特征同雄鸟。5—7 月筑巢产卵，每窝产卵 3—4 枚。分布于秦岭海拔 1500—3500 米的阔叶林、针阔叶混交林、针叶林和高山灌丛中，主要取食昆虫、果实和种子。

小燕尾

小燕尾体型小，雌雄同型，黑白色，尾短分叉，头顶具大块白斑，头、胸、上背和两翼黑色，两翅具宽阔的白色翼斑，腰、腹部白色。4—6月筑巢产卵，每窝产卵2—4枚。分布于秦岭海拔800—3500米的山间溪流、河谷、瀑布等水域，主要取食小型水生动物。

▲ 马亦生 / 摄

▲ 马亦生 / 摄

黑喉石䳭

黑喉石䳭体型较小。雄鸟头部及两翅黑色，背部深褐色，颈侧及翅具白斑，胸及两胁橙红色，腰、腹及尾下覆羽白色；雌鸟头至上体棕褐色而具深色纵纹，下体浅黄色，两翅具有黑色斑纹。4—7月筑巢产卵，每窝产卵5—8枚。分布于秦岭海拔800—3500米的森林林缘、灌丛、农田和果园等地，主要取食昆虫。

▲ 马亦生 / 摄

白额燕尾

白额燕尾雌雄同色，黑白色，前额具大型三角形白斑，头、颈、背、胸及翅黑色，翅具白色翼斑，尾上覆羽黑色并具白色端斑，下腹部及尾下覆羽白色。4—6月筑巢产卵，每窝产卵3—4枚。分布于秦岭海拔800—2000米的山间溪流、河谷地带，主要取食小型水生昆虫。

白眉姬鹟
wēng

///

白眉姬鹟雄鸟上体黑色，具宽阔的白色眉纹，两翼黑色，具大型白色翼斑，颏、喉、胸、腹、腰黄色，尾黑色，尾下覆羽白色；雌鸟上体橄榄褐色，下体黄白色，腰暗黄色。5—7 月筑巢产卵，每窝产卵 4—7 枚。分布于秦岭中低山及丘陵地带的阔叶林和针阔叶混交林中，主要取食昆虫。

蓝喉太阳鸟

蓝喉太阳鸟雌雄异色，嘴黑色，细长而下弯。雄鸟头顶、额、喉部紫蓝色，头侧、颈侧、背、胸猩红色，腰、腹黄色，两翼橄榄色，尾蓝色，中央尾羽延长；雌鸟上体橄榄色，下体黄绿色。4—6 月筑巢产卵，每窝产卵 2—3 枚。夏候鸟，分布于秦岭南坡海拔 800—3000 米的阔叶林和针阔叶混交林中，主要取食花蜜和昆虫。

棕胸岩鹨
^{liù}

//

棕胸岩鹨上体棕褐色，具宽阔的黑色纵纹，下体白色，具有黑色纵纹，胸棕红色呈带状；眉纹前窄后宽，且前白色后黄色。6—7 月筑巢产卵，每窝产卵 3—6 枚。分布于秦岭海拔 1000—3500米的阔叶林、针叶林、针阔叶混交林和高山灌丛中，主要取食昆虫和种子。

▲　马亦生 / 摄

领岩鹨

^{liù}

领岩鹨通体褐色，具纵纹，头及下体中央部位烟褐色，翅黑色，具有两道白色翅斑，两胁浓栗色，尾端白色；嘴近黑，下嘴基部黄色，脚红褐色。6—7 月筑巢产卵，每窝产卵 3—4 枚。分布于秦岭海拔 2100—3500 米的针叶林、针阔叶混交林、高山灌丛、草甸和石河、石海地带，主要取食昆虫。

▲ 马亦生 / 摄

白腰文鸟

白腰文鸟雌雄同型。上体深褐色，背上具有白色纵纹，下体黄白色，具浅黄色鳞状斑或细纹，腰白色，尾黑色，形尖。3—9月筑巢产卵，每窝产卵 4—7 枚。分布于秦岭海拔1500 米以下低山、丘陵和山脚平原的林缘、灌丛和农田，主要取食稻谷和昆虫。

山鹡鸰

jí líng

山鹡鸰上体灰色，下体白色，眉纹白色，胸部具两道黑色的横斑纹，两翅黑褐色，具有两条白色翅斑，尾羽褐色，外侧尾羽白色。5—6月筑巢产卵，每窝产卵 4—5 枚。分布于秦岭海拔 1200 米以下阔叶林、针阔叶混交林和果园，主要取食昆虫和种子。

▲ 马亦生 / 摄

▲ 马亦生 / 摄

麻雀

//

麻雀雌雄同型，上体近褐色，下体皮黄色；颈部具完整的灰白色领环，头部栗色，喉部黑色，白色脸颊有黑斑。3—8 月筑巢产卵，每窝产卵 4—8 枚。分布于秦岭海拔 2500 米以下的阔叶林、针叶林、针阔叶混交林的林缘、疏林地、湿地、田野和果园等地，主要取食种子和昆虫。

山麻雀

山麻雀雌雄异色。雄鸟顶冠及上体栗色，具黑色纵纹，脸颊、下体灰白色，喉黑色，嘴灰色；雌鸟上体褐色，具宽阔的浅黄色眉纹，喉灰白色，嘴黄色。4—8月筑巢产卵，每窝产卵4—6枚。分布于秦岭海拔1500米以下的低山、丘陵和山脚平原的阔叶林、针叶林、针阔叶混交林、灌丛和果园，主要取食种子、果实和昆虫。

▲ 马亦生 / 摄

黄头鹡鸰
<small>jí líng</small>

//

黄头鹡鸰雄鸟头部和下体艳黄色，背黑色或灰色，翅黑色，有两条白色斑纹；雌鸟头顶灰色，黄色眉纹与脸颊后缘、下缘黄色会合成环，脸颊中间深灰色。5—7 月筑巢产卵，每窝产卵 4—5 枚。分布于秦岭低山、丘陵和山脚平原的河流、沼泽、稻田等水域附近，主要取食昆虫和种子。

▲ 马亦生 / 摄

_{jí líng}

黄鹡鸰

//

黄鹡鸰上体褐色或橄榄褐色，下体黄色，头顶蓝灰色或暗色，眉纹白色或黄色，翅黑褐色，具两条黄白色斑纹。5—7月筑巢产卵，每窝产卵4—6枚。分布于秦岭中低山区和丘陵的河流、沼泽、稻田等水域附近，主要取食昆虫。

jí líng

灰鹡鸰

///

灰鹡鸰头及上背灰色，下体及腰黄色，尾较长，眉纹白色，繁殖期雄鸟喉部变黑。5—7月筑巢产卵，每窝产卵4—6枚。分布于秦岭海拔2300米以下的河谷、溪流、沼泽和稻田等水域附近，主要取食昆虫、果实和种子。

jí líng

白鹡鸰

//

白鹡鸰上体灰色或黑色，下体白色，两翅及尾黑白色相间，头后、颈背及胸部具黑色斑纹，头部黑白花纹多变。4—7 月筑巢产卵，每窝产卵 3—5 枚。分布于秦岭中低山、丘陵和山脚平原的河流、沼泽、水库两岸以及农田、果园、公园等地，主要取食昆虫。

▲ 马亦生 / 摄

▲ 马亦生 / 摄

粉红胸鹨^{liù}（左）

//

粉红胸鹨上体橄榄灰色或绿褐色，下体乳白色
或棕白色，眉纹长而显著，头顶和背具有明
显的黑褐色纵纹。繁殖期下体粉红而几乎无
纵纹，眉纹粉红色；非繁殖期粉色沾黄的眉纹
粗而明显，背灰而具黑色粗纵纹，胸及两胁
具浓密的黑色点斑或纵纹。5—7 月筑巢产卵，
每窝产卵 3—5 枚。分布于秦岭海拔 2500—
3600 米的针叶林、针阔叶混交林、高山灌丛
和草甸，主要取食昆虫和种子。

山鹨^{liù}（右）

//

山鹨上体棕色或棕褐色，下体棕白色或灰白
色，眉纹白色，头顶至尾上覆羽具黑色纵纹，
下体纵纹黑色"V"字形，尾羽窄而尖。5—8
月筑巢产卵，每窝产卵 4—5 枚。分布于秦岭
海拔 1000—2500 米山地林缘、灌丛、草地
和农田地带，主要取食昆虫和种子。

燕雀

燕雀头、颈、背、翅、尾灰黑色，下体白色，胸棕色，腰白色，两翅具白色斑纹和棕色翅斑，嘴黄色，尖端黑色，脚粉褐色。5—7月筑巢产卵，每窝产卵5—7枚。冬候鸟，分布于秦岭中低山区、丘陵和山脚平原的阔叶林、针叶林和针阔叶混交林中，主要取食种子和果实。

▲ 马亦生 / 摄

▲ 马亦生 / 摄

酒红朱雀

///

酒红朱雀雄鸟体羽深红色，眉纹粉红色而具有
丝绢光泽，两翅和尾黑褐色或灰褐色；雌鸟周身
橄榄褐色并具深色纵纹，眉纹浅黄色。5—7月
筑巢产卵，每窝产卵 4—5 枚。分布于秦岭海拔
1000—3600 米的阔叶林、针阔叶混交林、针
叶林和高山灌丛，主要取食种子、果实和昆虫。

三道眉草鹀

///

三道眉草鹀通体棕色，雄鸟具醒目的黑白色头
部图纹和栗色的胸带，眉纹、上髭纹、颏及喉
白色；雌鸟色淡，眉纹及下颊纹浅黄色。5—6
月筑巢产卵，每窝产卵 4—5 枚。分布于秦岭
海拔 1500 米以下的阔叶林、针叶林和针阔叶
混交林中，主要取食种子、果实和昆虫。

▲ 马亦生 / 摄

<ruby>黄喉鹀<rt>wú</rt></ruby>

黄喉鹀雄鸟羽冠黑色直立，脸颊、前胸黑色，眉纹、后枕、上喉鲜黄色，下喉白色；雌鸟似雄鸟但颜色较淡，褐色取代黑色，黄色取代鲜黄色。5—7月筑巢产卵，每窝产卵 5—6 枚。分布于秦岭低山丘陵地带的阔叶林和针阔叶混交林中，主要取食昆虫。

灰头灰雀

灰头灰雀嘴灰色，略带钩，嘴基周围及眼周黑色，头部灰色，并具有黑色眼罩；雄鸟胸及腹部橘黄色，雌鸟下体和上背暖褐色。4—7月筑巢产卵，每窝产卵 3—5 枚。分布于秦岭海拔 1000—3500 米的阔叶林、针阔叶混交林、针叶林和高山灌丛中，主要取食昆虫、种子和果实。

参考文献

［1］周灵国主编. 秦岭大熊猫：陕西省第四次大熊猫调查报告 [M]. 西安：陕西科学
技术出版社，2017.

［2］魏辅文. 野生大熊猫科学探秘 [M]. 北京：科学出版社，2018.

［3］马亦生，马青青，何念军，等. 基于红外相机技术调查陕西佛坪国家级自然保
护区兽类和鸟类多样性 [J]. 生物多样性，2020，28（2）：226-230.

［4］马亦生，马青青，孙亮，等. 基于红外相机技术调查陕西佛坪国家级自然保护
区大熊猫季节性空间分布与活动模式的研究 [J]. 动物学杂志，2020,55（1）：
20-28.

［5］于晓平，李金刚. 秦岭鸟类原色图鉴 [M]. 陕西杨凌：西北农林科技大学出版社，
2016.

［6］曲利明. 中国鸟类图鉴：全三卷 [M]. 福州：海峡书局，2013.

［7］蒋志刚，马勇，吴毅，等. 中国哺乳动物多样性及地理分布 [M]. 北京：科学出
版社，2018.

［8］郑生武，宋世英. 秦岭兽类志 [M]. 北京：中国林业出版社，2010.

［9］孙承骞. 中国陕西鸟类图志 [M]. 西安：陕西科学技术出版社，2007.

后　记

　　我初次接触大熊猫是在 1992 年 12 月，当时太白山国家级自然保护区开展首次大熊猫资源调查，我有幸加入这次的调查队伍。经过半个月的野外调查，仅在太白山南坡黄柏塬海拔 2600 余米的地方发现两团大熊猫的陈旧粪便，效果虽不太理想，但说明太白山有大熊猫活动。第二年 6 月，我带着一个调查小组在一个叫大坪破庙的地方发现一团全部由竹叶组成的大熊猫干粪便，这令我们非常兴奋，备受鼓舞。随后几天，又在太白庙发现两团淡黄色的大熊猫新鲜粪便，以及多处取食秦岭箭竹的痕迹。8 月，在佛坪国家级自然保护区雍严格、张陕宁两位大熊猫专家的帮助指导下，我们又对黄柏塬区域进行重新调查，发现大熊猫大量的新鲜粪便和取食痕迹，从而确认太白山有大熊猫分布。

　　两年后，我承担了 GEF 项目太白山国家级自然保护区野生动物和人为干扰活动的多目标快速调查课题，在一年多时间内，走遍秦岭主峰太白山南北。从道道沟口、峡口攀爬到海拔 3200—3771 米的秦岭主梁跑马梁，第一次在太白红杉林下看到成群的秦岭羚牛，在高山杜鹃林下看到带着幼鸟的成群血雉，在河谷林缘的麦田看到取食麦苗的成群红腹锦鸡。更为难得的是，我们在太白山东部、秦岭北坡的万泉沟发现一片大熊猫取食竹子的痕迹和取食竹笋的新鲜粪便，证明秦岭北坡也有大熊猫活动。在点滴工作中，我用相机记录了太白山风光、动植物资源、地形地貌和野外工作等影像，我的摄影爱好也是在这期间培养的。

　　2005 年 5 月，在太白山国家级自然保护区工作 20 年后，我来到佛坪国家级自然保护区，分管大熊猫保护和科研等工作，成为大熊猫保护科研队伍中的一员。当年冬季，到野外大熊猫密度和遇见率最高的三官庙保护站开展科研监测工作，虽然连续三天看到大熊猫数团粪便，但就是没有发现大熊猫的实体。一天晚上，局里通知我第二天下午参加一个会议，需要在凉风垭乘车返回局里。

从三官庙保护站到凉风垭有 8000 米便道，需要步行。第二天吃过早饭，我背上行囊，挎着借来的相机，一个人沿着林中小道向凉风垭行进，预感今天很可能会看到大熊猫。在骡马店附近，我看到河流对岸一棵大山杨树下有几棵竹子在不停摇摆，于是悄悄地藏在一棵大树后，观察了一会儿，发现一只大熊猫背靠着山杨树在撕咬竹子取食。我当即决定近距离观察，拍几张照片。随后，我迂回到大熊猫所在位置的上方，过了小河慢慢接近，这时候大熊猫离开取食点向山坡高处爬去，不慌不忙地始终与我保持 20 余米的距离。因为要参加会议不能耽搁，我匆忙拍了十余张照片便撤了回来。就在这时，几位同事也从三官庙赶来开展今天的野外工作，我激动地告诉他们我看见大熊猫了，并向他们展示了拍到的照片。虽然拍到的大部分只是大熊猫屁股，但我依然很高兴，因为这是我第一次见到野生大熊猫。

在佛坪保护区十余年的科研监测过程中，一幅幅野生大熊猫的生活画卷清晰地留在我的脑海中：一只雄性大熊猫不吃不喝，在一棵青冈木树下守护雌性大熊猫七天七夜；一只雄性大熊猫不遗余力，翻山越岭，追求一只雌性大熊猫达 20 余天；雄性大熊猫为了获得雌性大熊猫的青睐，两只之间、三四只之间甚至六七只之间搏斗，常常打得头破血流；雄性大熊猫间的打斗，常常从山顶打到山坡竹林中、打到山谷河道旁，从白天持续到黄昏……雌性大熊猫怀抱着新出生的幼仔，蜷缩在狭窄的石洞中或者丛林中可以几天几夜不吃不喝；雌性大熊猫叼着数月龄的幼仔艰难地穿行于竹林中、山梁上，寻找更好的洞穴养育后代；大熊猫幼仔爬到树上晒太阳时，它的母亲会在树下数十米范围内守护……

我们还在野外安装了 160 余部红外相机，24 小时不间断监测拍摄野生大熊猫及其同域动物，捕捉到金钱豹、金猫、豹猫、黑熊、黄喉貂等许多野生动物的珍贵画面。在一个季节性池塘，大熊猫、金丝猴、秦岭羚牛、黑熊、豹猫、黄喉貂、小麂、野猪、凤头鹰、红腹锦鸡等相继出现，或喝水或洗澡，来来往往，自在惬意……

所有这些，我们都用照相机如实地记录下来。不知不觉间，我已深深爱上野生大熊猫，爱上秦岭这片野生动物的乐园。

《秦岭野生大熊猫·陕西》历时近 4 年的野外照片拍摄和筹备，终于和大家见面了。我要感谢国家林业和草原局野生动植物保护司、陕西省林业局的大力支持，感谢陕西佛坪国家级自然保护区管理局各位同仁的热情帮助，感谢关心支持此书出版的所有人。愿此书的出版能为大熊猫等野生动物的保护与管理，为秦岭的保护及增强生物多样性提供参考，也想借这本书，向每一位国宝守护者致敬！

陕西佛坪国家级自然保护区管理局

马亦生

图书在版编目（CIP）数据

秦岭野生大熊猫·陕西/陕西佛坪国家级自然保护
区管理局；马亦生主编. — 西安：陕西人民出版社，
2022.1

ISBN 978-7-224-14337-9

Ⅰ. ①秦… Ⅱ. ①陕… ②马 Ⅲ. ①大熊猫 — 概况
— 陕西 Ⅳ. ① Q959.838

中国版本图书馆 CIP 数据核字（2021）第 225691 号

出 品 人：赵小峰
总 策 划：宋亚萍
出版统筹：刘景巍　陈　丽
责任编辑：王亚嘉　党静媛　马　昕
特约编辑：黄剑波
创意总监：赵文君

秦岭野生大熊猫·陕西

编　　者　陕西佛坪国家级自然保护区管理局
主　　编　马亦生
出版发行　陕西新华出版传媒集团　陕西人民出版社
　　　　　（西安市北大街 147 号　邮编：710003）
印　　刷　中煤地西安地图制印有限公司
开　　本　889 毫米 × 1194 毫米　1/16
印　　张　19.5
字　　数　350 千字
版　　次　2022 年 1 月第 1 版
印　　次　2022 年 1 月第 1 次印刷
书　　号　ISBN 978-7-224-14337-9
定　　价　128.00 元

如有印装质量问题，请与本社联系调换。电话：029-87205094